安全科学

学术地图（综合卷）

ACADEMIC MAP OF SAFETY & SECURITY
SCIENCE（COMPREHENSIVE VOLUME）

李　杰　陈伟炯　冯长根 ◎ 著

上海教育出版社
SHANGHAI EDUCATIONAL
PUBLISHING HOUSE

《安全科学学术地图》（综合卷）

本卷作者

李　杰	讲师/博士后	上海海事大学/北京理工大学
陈伟炯	教授	上海海事大学
冯长根	教授	北京理工大学

顾问委员会

Aleksandar Jovanovic	教授	塞尔维亚诺维萨德大学
Andrew Hale	荣誉教授	荷兰代尔夫特理工大学
白英臣	研究员	中国环境科学研究院
程卫民	教授	山东科技大学
傅　贵	教授	中国矿业大学（北京）
樊运晓	教授	中国地质大学（北京）
Genserik Reniers	教授	荷兰代尔夫特理工大学/比利时安特卫普大学
Goerlandt Floris	助理教授	加拿大达尔豪斯大学
郭晓宏	教授	首都经济贸易大学
胡双启	教授	中北大学
姜传胜	教授级高工	中国安全生产科学研究院
蒋军成	教授	南京工业大学
景国勋	教授	安阳工学院
李开伟	教授	中国台湾中华大学
李乃文	教授	辽宁工程技术大学
李生才	副教授	北京理工大学
李树刚	教授	西安科技大学
刘　潜	教授	原中国职业安全健康协会
刘铁民	研究员	中国安全生产科学研究院
Ludo Waltman	教授	荷兰莱顿大学

Nees Jan Van Eck	研究员	荷兰莱顿大学
Pieter Van Gelder	教授	荷兰代尔夫特理工大学
Paul Swuste	副教授	荷兰代尔夫特理工大学
钱新明	教授	北京理工大学
申世飞	教授	清华大学
宋守信	教授	北京交通大学
田水承	教授	西安科技大学
王 成	教授	北京理工大学
王勇毅	教授	首都经济贸易大学
汪金辉	副教授	上海海事大学
吴 超	教授	中南大学
吴宗之	研究员	中国安全生产科学研究院
严 伟	教授	上海海事大学
朱 伟	研究员	北京城市系统工程研究中心
张和平	教授	中国科学技术大学
张来斌	教授	中国石油大学（北京）
赵云胜	教授	中国地质大学（武汉）
周福宝	教授	中国矿业大学（徐州）
邹树梁	教授	南华大学

支持单位

上海海事大学　安全科技趋势研究中心
上海海事大学　刘潜安全科学图书馆
北京理工大学　爆炸科学与技术国家重点实验室
荷兰代尔夫特理工大学　安全科学研究所
《安全与环境学报》编辑部

Academic Map of Safety & Security Science (Comprehensive volume), AMSSS

AUTHORS OF *AMSSS*

Li Jie   Shanghai Maritime University / Beijing Institute of Technology

Chen Weijiong   Shanghai Maritime University

Feng Changgen   Beijing Institute of Technology

ADVISORY COMMITTEE OF *AMSSS*

Aleksandar Jovanovic   University of Novi Sad / Steinbeis Advanced Risk Technologies

Andrew Hale   Delft University of Technology

Bai Yingchen   Chinese Research Academy of Environmental Sciences

Cheng Weimin   Shandong University of Science and Technology

Fu Gui   China University of Mining and Technology (Beijing)

Fan Yunxiao   China University of Geosciences (Beijing)

Genserik Reniers   Delft University of Technology / University of Antwerp

Goerlandt Floris   Dalhousie University

Guo Xiaohong   Capital University of Economics and Business

Hu Shuangqi   North University of China

Jiang Chuansheng   China Academy of Safety Science and Technology

Jiang Juncheng   Naijing University of Technology

Jing Guoxun   Anyang Institute of Technology

Li Kaiway   Chung Hua University

Li Naiwen   Liaoning Engineering Technology University

Li Shengcai   Beijing Institute of Technology

Li Shugang   Xi'an University of Science and Technology

Liu Qian   China Occupational Safety and Health Association

Liu Tiemin   China Academy of Safety Science and Technology

3

Ludo Waltman	Leiden University
Nees Jan Van Eck	Leiden University
Pieter Van Gelder	Delft University of Technology
Paul Swuste	Delft University of Technology
Qian Xinming	Beijing Institute of Technology
Shen Shifei	Tsinghua University
Song Shouxin	Beijing Jiaotong University
Tian Shuicheng	Xi'an University of Science and Technology
Wang Cheng	Beijing Institute of Technology
Wang Yongyi	Capital University of Economics and Business
Wang Jinhui	Shanghai Maritime University
Wu Chao	Central South University
Wu Zongzhi	China Academy of Safety Science and Technology
Yan Wei	Shanghai Maritime University
Zhu Wei	Beijing Research Center of Urban System Engineering
Zhang Heping	University of Science and Technology of China
Zhang Laibin	China University of Petroleum（Beijing）
Zhao Yunsheng	China University of Geosciences（Wuhan）
Zhou Fubao	China University of Mining & Technology（Xuzhou）
Zou Shuliang	University of South China

SUPPORTED ORGANIZATIONS

Shanghai Maritime University，Research Center for Safety & Security SciTech Trends

Shanghai Maritime University，Liu Qian Safety Science Library

Beijing Institute of Technology，State Key Laboratory of Explosion Science and Technology

Delft University of Technology，Safety & Security Science Institute

Journal of Safety and Environment Editorial Department

Preface

前　言

　　安全，是人类生存与发展不可或缺的前提，涉及人类活动的方方面面。安全科技，是社会经济发展的基础保障，只有安全科技与时代发展并驾齐驱，经济和社会的发展才能稳定和持久。过去数年，我国在工业安全、社会公共安全以及应急管理等方面投入了大量的人力、财力和物力，取得了可观的安全科技成果。2008 年在中国科学技术协会的支持下，《安全科学与工程学科发展报告》（2007—2008）公开出版，展现了我国安全科学各专业分支的基本情况。2011 年教育部颁布的《学位授予和人才培养学科目录》，将"安全科学与工程"列为一级学科（代码 0837）。时隔 5 年，2016 年在国家自然科学基金委员会（NSFC）工程与材料科学部的支持下，国内数家安全科学高校和研究机构的七十多位专家、学者联合出版了《安全科学与工程学科发展战略研究报告》（2015—2030）。同年，国家自然科学基金委员会专门批准了"安全科学原理"的重点课题，资助安全科学学科基础问题研究。为进一步优化和发挥政府对安全的监管等职能，2018 年 3 月，国务院在国家安全生产监督管理总局职责的基础上，整合多个部委的相关职责，组建应急管理部。这一系列的学科进展、科研资助和安全职能部门的改革，表明安全学科正受到社会各界日益广泛、深入的重视。

　　然而，处于自然科学与社会科学叠合部的安全科学，其特有的综合性、复杂性和广泛性属性，使得安全科学工作者，特别是安全科学与工程专业的学生，在认识安全学科时难免困惑。安全的边界在哪里？主要研究领域、方法有哪些？有哪些核心研究团队等问题一直困扰着"安全人"。在此背景下，我们编制了《安全科学学术地图》，旨在用可视化安全科学知识产出的形式来描述安全科学领域的现状和态势图景，为安全科学工作者和学生认识安全科学领域提供参考。特别是在国内高校"双一流"建设的背景下，《安全科学学术地图》能够帮助我国学者认识国内外安全科学的发展态势以及国内外安全科学研究的差异，为各高校安全类一流学科建设和安全人才培养提供信息参考。

编写《安全科学学术地图》智库报告是一项系列工作，我们会根据经费与需求情况，不定期地以图书或者其他出版物的形式向外界公布（不限次序）。目前已有的《安全科学学术地图》的智库报告计划如下。

编号	学术地图名称	基本内容
1	安全科学学术地图（综合卷）	安全综合期刊分析。
2	安全科学学术地图（重点领域卷）	交通（海运、陆运与航空等）、化工、煤矿、核、建筑、电力、医院医疗等。
3	安全科学学术地图（自然灾害卷）	地震、飓风、海啸、野火、洪水等。
4	安全科学学术地图（公共安全卷）	恐怖袭击、核安保、系统安防等。
5	安全科学学术地图（物质研究卷）	火灾、爆炸、危险化学品、设备安全、食品安全、药品安全等。
6	安全科学学术地图（人机工程卷）	人的特性与安全、人—机—环境关系研究等。
7	安全科学学术地图（生活生产卷）	校园安全、职业安全、旅游安全、娱乐安全等。
8	安全科学学术地图（专题卷）	安全文化、应急管理、韧性工程、风险分析与管理、重点设施安全风险以及前沿主题等。

《安全科学学术地图》（综合卷）得以出版面世，离不开来自各方的支持和帮助。感谢上海海事大学的资助及安全科技趋势研究中心相关人员的共同努力，感谢刘潜安全科学图书馆、北京理工大学爆炸科学与技术国家重点实验室、荷兰代尔夫特理工大学安全科学研究所，以及《安全与环境学报》编辑部等单位的专家和领导对研究项目的关心和支持。感谢上海海事大学安全科学与工程系各位老师对安全科技趋势研究中心相关研究及活动的始终支持，感谢负责本书出版的李京哲编辑的专业帮助，感谢研究生李平同学参与校对。

任何一份研究报告都有其背景和局限性，期望本报告能发挥其应有价值，真正对安全科学界的各位同行有所帮助，对安全科技发展、科技决策、政策制定以及学科发展战略规划有所助益。我们也热忱欢迎各位读者能为以后相关报告的出版建言献策，共同打造具有国内外影响力的安全智库报告。

作者

2018 年 4 月

目　录

01

第一章

引 言

1.1 全球科研背景

2008—2017 年，世界、中国、美国 SCI／SSCI 的论文产出情况见表 1-1 和图 1-1。过去十年（2008—2017 年）世界学术论文的产出总体呈上升趋势，论文累积量达到了 1800 多万篇。我国的学术论文在产出上一直保持增长的态势，论文量从 2008 年的 117689 篇增长到了 2017 年的 357364 篇，增长达 3 倍多。另一个科研强国——美国的科研论文整体增长趋势和世界论文的整体增长趋势基本一致。从论文的年度产出量上来看，我国与美国之间仍然存在一定的差距，但这种差距在不断缩小。我国和美国的论文年产量的差距从 2008 年的 350992 篇，缩小到了 2017 年的 186038 篇。在这十年中，美国的论文年产出占世界论文总数的比例保持在 27% 至 30% 之间。随着我国论文产出的不断增长，我国论文产出占世界论文产出总量的比例从 8% 以下增长到了 18% 以上。

表 1-1 2008—2017 年世界、中国、美国 SCI／SSCI 论文产出
Table 1-1 SCI／SSCI Publications output of World-China-USA（2008—2017）

年份	世界	中国	美国	中美差距	中国／世界	美国／世界
2008	1555512	117689	468681	350992	7.57%	30.13%
2009	1624350	134583	481551	346968	8.29%	29.65%
2010	1666577	149617	488314	338697	8.98%	29.30%
2011	1752754	173434	508881	335447	9.89%	29.03%
2012	1840316	199918	537130	337212	10.86%	29.19%
2013	1927841	237958	552523	314565	12.34%	28.66%
2014	1976461	272657	563684	291027	13.80%	28.52%
2015	2023378	304537	570566	266029	15.05%	28.20%
2016	2079157	333849	572720	238871	16.06%	27.55%
2017	1983943	357364	543402	186038	18.01%	27.39%
平均值	1843029	228161	528745	300585	—	—
合计	18430289	2281606	5287452	3005846	—	—

注：本研究涉及的学术论文为科睿唯安 Web of Science 数据库中被 SCI 或 SSCI 收录的论文。

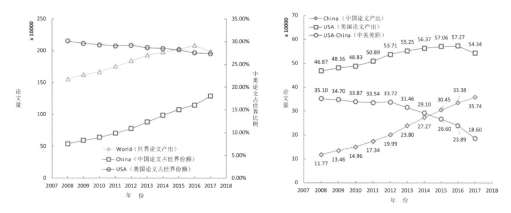

图 1-1　2008—2017 年世界、中国、美国 SCI / SSCI 论文产出
Fig. 1-1　SCI / SSCI Publications trend of World-China-USA（2008—2017）

　　中美科学论文产出领域分布见图 1-2、图 1-3 和表 1-2。美国的生物化学和分子生物学领域排在第一位，是美国论文与科学研究的核心。此外，肿瘤、化学（跨学科）、神经科学、细胞生物学等也是美国论文产出的重要领域。材料科学（跨学科）位于我国论文领域产出的第一位，是目前我国重点发展和资助的领域。此外，我国 2008—2017 年在化学（跨学科）、物理化学、应用物理、电子工程等领域的发展也十分迅速。从科学领域分布图 [①] 来看，美国在生物医学和材料方面发文突出，且在整个学科领域的影响广泛。我国的发文集中在化工、材料以及电子工程等领域，在生物医学领域的发文量也相对较高。

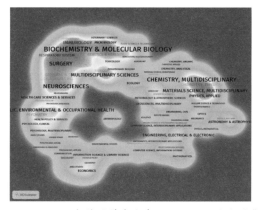

图 1-2　2008—2017 年美国学者发表 SCI / SSCI 论文的集中领域
Fig. 1-2　The research distribution of USA on the layer of global science map（2008—2017）

---

　　① 科学领域地图由荷兰知名的科学计量学者、阿姆斯特丹大学教授路特·莱兹多夫通过科睿唯安数据库的 227 个 Web of Science Category 的领域关系矩阵构建，并将该领域地图分为五个大类。这五个大类分别为 1# Biology-Medicine（生物医学）、2# Ecology-Environmental S & T（生态环境科学技术）、3# Chemistry-Physics（化学物理）、4# Engineering & Mathematics（工程 & 数学）以及 5# Psychology-Social Sciences（心理—社会科学）。更多信息参见 http://www.leydesdorff.net/wc15/。

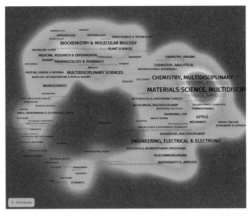

图 1-3　2008—2017 年我国学者发表 SCI / SSCI 论文的集中领域
Fig. 1-3　The research distribution of China on the layer of global science map（2008—2017）

注：图中的标签越大，则对应领域所包含的论文越多。领域所在的位置越接近红色，则对应领域的密度越大。密度越大，则表明该领域产出的论文越多，且周围的领域种类越多。

表 1-2　2008—2017 年中美论文产出的主要领域分布（ TOP 20 ）
Table 1-2　Top 20 research areas of China and USA（ 2008—2017 ）

国家	WoS 分类（ 论文数量 ）
美国	Biochemistry Molecular Biology（ 252995 ）、Oncology（ 250163 ）、Chemistry Multidisciplinary（ 199165 ）、Neurosciences（ 199021 ）、Cell Biology（ 193294 ）、Surgery（ 183695 ）、Clinical Neurology（ 162834 ）、Multidisciplinary Sciences（ 157148 ）、Public Environmental Occupational Health（ 143485 ）、Cardiac Cardiovascular Systems（ 140269 ）、Materials Science Multidisciplinary（ 137103 ）、Pharmacology Pharmacy（ 132323 ）、Immunology（ 131725 ）、Medicine General Internal（ 118186 ）、Chemistry Physical（ 115075 ）、Psychiatry（ 105686 ）、Medicine Research Experimental（ 104722 ）、Engineering Electrical Electronic（ 101697 ）、Radiology Nuclear Medicine Medical Imaging（ 100910 ）、Environmental Sciences（ 99291 ）
中国	Materials Science Multidisciplinary（ 218968 ）、Chemistry Multidisciplinary（ 154880 ）、Chemistry Physical（ 141502 ）、Physics Applied（ 131371 ）、Engineering Electrical Electronic（ 110742 ）、Biochemistry Molecular Biology（ 90645 ）、Oncology（ 84893 ）、Nanoscience Nanotechnology（ 79433 ）、Multidisciplinary Sciences（ 75755 ）、Environmental Sciences（ 72164 ）、Optics（ 69759 ）、Engineering Chemical（ 65140 ）、Mathematics Applied（ 62037 ）、Energy Fuels（ 61512 ）、Physics Condensed Matter（ 61124 ）、Physics Multidisciplinary（ 60326 ）、Metallurgy Metallurgical Engineering（ 59903 ）、Pharmacology Pharmacy（ 59123 ）、Chemistry Analytical（ 56672 ）、Biotechnology Applied Microbiology（ 54421 ）

注：表格中标记颜色的领域，是中国和美国都出现的领域。

　　以上对 2018—2017 年国际整体科技论文产出趋势进行分析，是进行安全科学研究论文产出分析与进一步挖掘的背景。在此背景下，首先从安全科学论文数据样本的采集开始，分析国际安全科学研究的整体情况。

1.2 安全科学期刊论文

安全科学是一门文理综合、学科交叉、行业横断的新兴综合学科。为了尽可能地从 Web of Science 中采集到安全科学的代表性研究成果，本研究的数据采集基于以下思路：（1）英文数据选取被 SCI 或 SSCI 收录的安全科学期刊；中文数据则选取被我国 CSCD（中国科学引文数据库）收录的安全科学期刊。（2）英文期刊的标题词中须包含 Safety、Accident、Risk 或 Reliability 等词汇（本研究涉及的安全更多的是 Safety 范畴，对于 Security 范畴将在今后进一步完善）（3）由于病患安全、火灾、交通等重点行业已经有大量的期刊，加入到数据中来会使得研究结果更加凸显这些领域的成果，所以在本研究中不考虑这些行业期刊的数据。

根据科睿唯安提供的期刊列表信息，与安全科学期刊研究相关的学术论文和书籍[①②③④]，以及科睿唯安的在线期刊查询系统，确定了 23 种安全科学期刊作为本研究的样本数据。表 1–3 列举了这 23 种期刊的全称、缩写以及主编的情况等。表 1–4 详细列举了这 23 种期刊的国际连续出版物号、出版周期、被 SCI / SSCI 收录情况、出版地以及影响因子等信息。从安全科学样本期刊的分布来看，出版周期为双月刊（bimonthly）的有 6 种，出版周期为月刊（monthly）的也有 6 种，出版周期为季刊（quarterly）有 11 种。在 23 种期刊中，有 14 种来源于英国，3 种来源于荷兰，1 种来源于德国，5 种来源于美国。其中，12 种期刊被 SCI 收录，9 种被 SSCI 收录，2 种期刊均被 SCI 和 SSCI 收录。按照出版周期对期刊的影响因子进行归类统计（如图 1–4）。季刊的影响因子普遍偏低，最低为 0.188（*JR*），最高为 2.79（*ITR*）。双月刊的期刊最低影响因子最低为 1.084（*PIMEPO-JRR*），最高为 2.905（*PSEP*）。月刊的影响因子最低为 0.697（*WHS*），最高为 3.153（*RESS*）。所有月刊影响因子的平均值为 2.1065，双月刊影响因子的平均值为 1.99，季刊影响因子的平均值为 1.035。

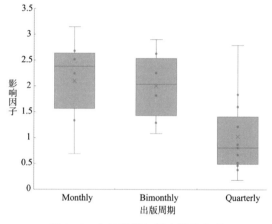

图 1–4 出版周期与影响因子分布

Fig. 1–4 Distribution of publication cycle and IF

① Reniers, G., & Anthone, Y. A ranking of safety journals using different measurement methods［J］. Safety Science, 2012, 50（7）: 1445-1451.

② Li, J., & Hale, A. Identification of, and knowledge communication among core safety science journals［J］. Safety Science, 2015, 74（04）, 70-78.

③ 李杰，李平，付姗姗 . 国际安全科学期刊的识别及分布研究［J］. 安全，2018，（02）：13-16.

④ 李杰等 . 安全科学技术信息检索基础［M］. 北京：首都经济贸易大学出版社 . 2014.

表 1-3　安全科学样本期刊基本信息 1

Table 1-3　The basic information of the safety science journals

编号	期刊缩写	期刊全称	中文名称	现任主编	主编来源国家／地区和机构
1	AAP	Accident Analysis and Prevention	事故分析与预防	M. Abdel-Aty	美国中佛罗里达大学
2	HRS	Health Risk & Society	健康风险社会	Patrick Brown	荷兰阿姆斯特丹大学
3	IJDRR	International Journal of Disaster Risk Reduction	国际减灾与风险	David Alexander	英国伦敦大学
4	IJDRS	International Journal of Disaster Risk Science	国际灾害风险科学	Peijun Shi etc.	中国北京师范大学
5	IJICSP	International Journal of Injury Control and Safety Promotion	国际伤害控制和安全促进	Geetam Tiwari etc.	印度理工学院
6	IJOSE	International Journal of Occupational Safety and Ergonomics	国际职业安全与人机工程学	Danuta Koradecka	波兰中央劳工保护研究所
7	ITR	IEEE Transactions on Reliability	IEEE 可靠性汇刊	W. Eric Wong	美国德克萨斯大学
8	JLPPI	Journal of Loss Prevention In the Process Industries	工业过程损失预防	P. Amyotte，G etc.	加拿大达尔豪斯大学
9	JOR	Journal of Operational Risk	操作风险杂志	Marcelo Cruz	美国纽约大学
10	JR	Journal of Risk	风险杂志	Farid AitSahlia	美国佛罗里达大学
11	JRMV	Journal of Risk Model Validation	风险模型验证杂志	Steve Satchell	英国剑桥大学
12	JRR	Journal of Risk Research	风险研究	Ragnar E. Löfstedt	英国伦敦国王学院

（续表）

编号	期刊缩写	期刊全称	中文名称	现任主编	主编来源国家／地区和机构
13	JRU	*Journal of Risk and Uncertainty*	风险与不确定性	W. Kip Viscusi	美国范德堡大学法学院
14	JSR	*Journal of Safety Research*	安全研究	T. Planek	美国国家安全委员会
15	PIMEPO-JRR	*PIMEPO-Journal of Risk and Reliability*	风险与可靠性杂志	Terje Aven	挪威斯塔万格大学
16	PSEP	*Process Safety and Environmental Protection*	过程安全与环境保护	A. Azapagic etc.	英国曼彻斯特大学
17	PSP	*Process Safety Progress*	过程安全进展	Ronald J. Willey	美国东北大学
18	RA	*Risk Analysis*	风险分析	L. Anthony Cox, Jr.	美国科罗拉多大学
19	RESS	*Reliability Engineering & System Safety*	可靠性工程与系统安全	Carlos Guedes Soares	葡萄牙里斯本大学
20	RM-JRCD	*Risk Management-Journal of Risk Crisis and Disaster*	风险危机与灾害杂志	Igor Lončarski	斯洛文尼亚卢布尔雅那大学
21	SERRA	*Stochastic Environmental Research and Risk Assessment*	随机环境研究与风险评估	George Christakos	美国圣地亚哥州立大学
22	SS	*Safety Science*	安全科学	Georgios Boustras	塞浦路斯塞浦路斯欧洲大学
23	WHS	*Workplace Health & Safety*	工作场所健康安全	Lisa Pompeii	美国德克萨斯大学

注：23 种期刊中未包含 *Injury Prevention*，因为 WOS 收录该刊时加入了大量 Meeting Abstract 文献，从而导致参考文献的缺失；也未包含 *Journal of Hazardous Materials* 期刊，虽然 2008—2017 年该刊发表了 11825 篇论文（主题图分析结果见附录 1），但是该刊在稿约中明确说明不接收"工作场所健康与安全"主题的论文。

表 1-4　安全科学样本期刊基本信息 2

Table 1-4 The basic information of the safety science journals

编号	期刊缩写	ISSN	出版周期	收录	出版地	IF	H1	H2
1	*AAP*	0001-4575	Monthly	SCI	England	2.685	27	66
2	*HRS*	1369-8575	Bimonthly	SSCI	England	2.262	10	24
3	*IJDRR*	2212-4209	Quarterly	SCI	Netherlands	1.603	8	17
4	*IJDRS*	2095-0055	Quarterly	SCI	Germany	1.222	5	13
5	*IJICSP*	1745-7300	Quarterly	SSCI	England	0.875	5	14
6	*IJOSE*	1080-3548	Quarterly	SSCI	England	0.469	5	16
7	*ITR*	0018-9529	Quarterly	SCI	USA	2.79	17	43
8	*JLPPI*	0950-4230	Bimonthly	SCI	England	1.818	16	36
9	*JOR*	1744-6740	Quarterly	SSCI	England	0.677	7	11
10	*JR*	1465-1211	Quarterly	SSCI	England	0.388	3	11
11	*JRMV*	1753-9579	Quarterly	SSCI	England	0.188	4	6
12	*JRR*	1366-9877	Monthly	SCI	England	1.34	9	25
13	*JRU*	0895-5646	Bimonthly	SSCI	Netherlands	1.298	7	25
14	*JSR*	0022-4375	Quarterly	SSCI	England	1.841	14	38
15	*PIMEPO-JRR*	1748-006X	Bimonthly	SCI	England	1.084	8	14
16	*PSEP*	0957-5820	Bimonthly	SCI	England	2.905	13	36
17	*PSP*	1066-8527	Quarterly	SSCI	USA	0.812	9	15
18	*RA*	0272-4332	Monthly	SCI / SSCI	USA	2.518	20	55
19	*RESS*	0951-8320	Monthly	SCI	England	3.153	24	62
20	*RM-JRCD*	1460-3799	Quarterly	SCI	England	0.519	3	6
21	*SERRA*	1436-3240	Bimonthly	SCI	USA	2.629	12	40
22	*SS*	0925-7535	Monthly	SCI	Netherlands	2.246	24	52
23	*WHS*	2165-0799	Monthly	SCI / SSCI	USA	0.697	3	10

　　注：Quarterly 表示季刊，Monthly 表示月刊，Bimonthly 表示双月刊；SSCI 代表期刊被 Web of Science 社会科学引文索引收录，SCI 代表期刊被 Web of Science 科学引文索引收录；IF 表示影响因子，本研究涉及的期刊影响因子均来源于 JCR 2016。

1.3　安全科学论文整体分布

　　在 Web of Science 中采集 23 种安全科学期刊论文数据的方法为：（1）进入 Web of Science 数据库首页，并将数据库切换到 Web of Science 核心合集。（2）在基本检索框中输入期刊的全称，并将字段选择为"出版物名称"；在另一个检索框中输入"2008—2017"，对应的字段选择为"出版年"。（3）在检索结果界面中选择数据导出功能，将数据导出为包含"全记录及参考文献"（Full Record and cited reference）的纯文本（Plain Text）格式的文件。（4）为了对特定的数据集进行比较和分析，本研究从时间、国家/地区以及期刊等维度对整体数据进行了数据分割。

2018 年 1 月 21 日，以上述数据采集方法为基本指导，在 Web of Science 中共检索到 23 种期刊的 20449 篇论文，经过 HistCite 软件处理后共得到 20432 篇有效论文。从安全科学样本期刊的文献类型来看，以"Article（研究型论文）"为主，有 17922 篇。其他类型的文献，如"Editorial Material（编辑材料）""Article；Proceedings Paper（会议论文）""Review（综述）"也占有一定的比例。虽然将某些类型的文献纳入分析的价值并不大，但为了更加全面地呈现样本的数据类型分布，所以本研究的样本数据包括所有文献的类型。

表 1-5　安全科学样本期刊论文的领域分布

Table 1-5　Distribution of safety publications in each area

序号	学科领域	中文	论文量	占比
1	Public, Environmental & Occupational Health	公共环境和职业健康	6929	33.9%
2	Engineering, Industrial	工业工程	4638	22.7%
3	Operations Research & Management Science	运筹与管理科学	4638	22.7%
4	Social Sciences, Interdisciplinary	社会科学（跨学科）	4638	22.7%
5	Ergonomics	人机工程学	4323	21.2%
6	Transportation	交通运输	3768	18.4%
7	Engineering, Chemical	化工	3469	17.0%
8	Engineering, Environmental	环境工程	2432	11.9%
9	Water Resources	水资源	2123	10.4%
10	Mathematics, Interdisciplinary Applications	数学，跨学科应用	1726	8.4%
11	Social Sciences, Mathematical Methods	社会科学，数学方法	1726	8.4%
12	Environmental Sciences	环境科学	1262	6.2%
13	Engineering, Civil	土木工程	1262	6.2%
14	Statistics & Probability	统计与概率	1262	6.2%
15	Engineering, Electrical & Electronic	电子与电气工程	938	4.6%
16	Computer Science, Hardware & Architecture	计算机科学，硬件和架构	938	4.6%
17	Computer Science, Software Engineering	计算机科学，软件工程	938	4.6%
18	Geosciences, Multidisciplinary	地球科学，综合学科	861	4.2%
19	Meteorology & Atmospheric Sciences	气象和大气科学	861	4.2%
20	Business, Finance	商业，金融	812	4.0%
21	Nursing	护理	670	3.3%
22	Engineering, Multidisciplinary	工程，综合学科	439	2.1%
23	Social Sciences, Biomedical	社会科学，生物医学	394	1.9%
24	Economics	经济学	237	1.2%

所采集的期刊论文数据主要来源于 24 个领域，见表 1-5。其中，公共环境和职业健康、工业工程、运筹与管理科学、社会科学（跨学科）以及人机工程学五个领域的论文量都达到了 4000 篇以上；交通运输、化工、环境工程以及水资源四个领域的论文量也分别达到了 2000 篇以上。从整个领域分布来看，安全科学较多地分布在管理科学与工程交叉的领域，纯工程的占比要小一些。

表 1-6　安全科学期刊论文载文量分布
Table 1-6　Publications output of each journal

编号	期刊缩写	中文名称	载文量	实际处理	论文量排名	占比
1	*AAP*	事故分析与预防	3084	3084	1	15.1%
2	*HRS*	健康风险社会	394	393	17	1.9%
3	*IJDRR*	国际减灾与风险	641	641	13	3.1%
4	*IJDRS*	国际灾害风险科学	220	220	20	1.1%
5	*IJICSP*	国际伤害控制和安全促进	486	486	15	2.4%
6	*IJOSE*	国际职业安全与人机工程学	555	555	14	2.7%
7	*ITR*	IEEE 可靠性汇刊	938	938	8	4.6%
8	*JLPPI*	过程工业损失预防杂志	1651	1651	5	8.1%
9	*JOR*	操作风险杂志	170	170	22	0.8%
10	*JR*	风险杂志	233	233	19	1.1%
11	*JRMV*	风险模型验证杂志	172	172	21	0.8%
12	*JRR*	风险研究	798	797	9	3.9%
13	*JRU*	风险与不确定性	237	237	18	1.2%
14	*JSR*	安全研究	684	684	10	3.3%
15	*PIMEPO-JRR*	风险与可靠性杂志	439	439	16	2.1%
16	*PSEP*	过程安全与环境保护	1170	1169	7	5.7%
17	*PSP*	过程安全进展	648	647	12	3.2%
18	*RA*	风险分析	1726	1715	4	8.4%
19	*RESS*	可靠性工程与系统安全	2088	2088	3	10.2%
20	*RM-JRCD*	风险危机与灾害杂志	72	72	23	0.4%
21	*SERRA*	随机环境研究与风险评估	1262	1262	6	6.2%
22	*SS*	安全科学	2111	2111	2	10.3%
23	*WHS*	工业场所健康安全	670	668	11	3.3%

　　注：载文量为通过 Web of Science 进行数据检索后，界面显示的论文数量。实际处理是指将数据导入到 HistCite 软件中后显示的论文数量。

　　所采集数据的期刊的载文量分布见表 1-6。安全科学样本期刊的载文分布及累计百分比见图 1-5。安全科学论文样本数据主要来源于期刊 *AAP*、*SS*、*RESS*、*RA*、*JLPPI*、*SERRA* 以及 *PSEP*，这些期刊的载文量都超过了 1000 篇，累计论文量占比达到 64% 以上，构成了安全科学领域最重要的核心期刊群。期刊 *ITR*、*JRR*、

JSR、*WHS*、*PSP*、*IJDRR* 以及 *IJOSE* 的载文量都在 500 篇以上，是安全科学领域的重要期刊。其他期刊的载文量处在相对较低的水平，一方面是由于这些期刊的出版周期相对较长，另一方面也反映了与这些期刊相对应的专题研究并不活跃。

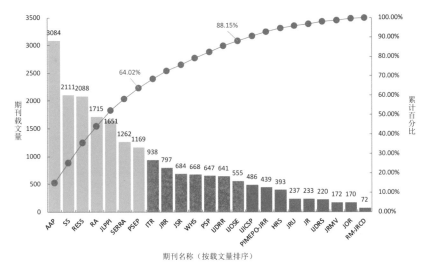

图 1-5　安全科学样本期刊载文量的分布

Fig. 1-5　Publications output and cumulative of safety science journals

安全科学期刊的出版周期和载文量的关系见图 1-6。月刊的平均载文量达到了 1744 篇，显著高于双月刊（859 篇）和季刊（438 篇）。月刊的最低载文量为 668 篇（*WHS*），最高载文量为 3084 篇（*AAP*）。双月刊的最低载文量为 237 篇（*JRU*），最高载文量为 1651 篇（*JLPPI*）。季刊的最低载文量为 72 篇（*RM-JRCD*），最高载文量为 938 篇。

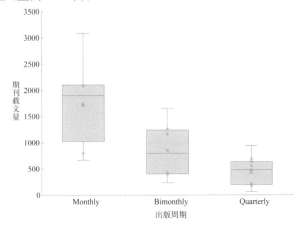

图 1-6　期刊出版周期与载文量

Fig. 1-6　The distribution of journals' publication cycle and outputs

对 23 种期刊进行耦合关联分析，见图 1-7。图中节点的大小反映了期刊的被引频次，节点的颜色代表期刊所在的聚类，节点之间的连线代表期刊之间的耦合关系。期刊之间的耦合强度越大，则表示两种期刊越相似。耦合强度排名前十的期刊对分别为 SS—AAP、JSR—AAP、RESS—ITR、RA—JRR、SS—RESS、SS—JLPPI、SS—JSR、RA—RESS、SS—RA 以及 RESS—PIMEPO-JRR。其中有 5 对关系是由期刊 SS 与其他期刊之间建立的，有 4 对关系涉及期刊 RESS，有 3 对关系涉及期刊 RA，反映这些期刊处于安全科学期刊的核心位置。

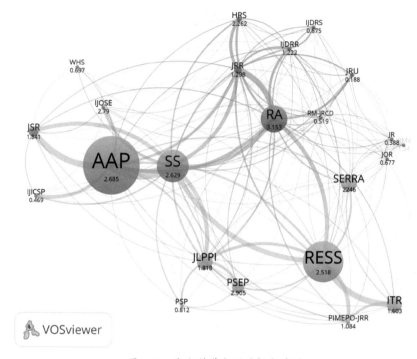

图 1-7 安全科学期刊的耦合关联

Fig. 1-7 Bibliographic coupling network of safety science journals

注：节点和标签的大小与期刊的被引次数成正比，子标签表示影响因子。

从期刊耦合关联分析的结果来看，本研究所选取的 23 种期刊可以分为三大类，见表 1-7。同一类中的期刊论文研究内容相近，相似度高。第一类包含 10 种期刊，分别为 HRS、IJDRR、IJDRS、JOR、JR、JRMV、JRR、JRU、RA 以及 RM-JRCD，以风险类的期刊为主。第二类包含 7 种期刊，分别为 ITR、JLPPI、PIMEPO-JRR、PSEP、PSP、RESS 以及 SERRA，以可靠性与过程安全类的期刊为主。第三类包含 6 种期刊，分别为 AAP、IJICSP、IJOSE、JSR、SS 以及 WHS，以事故、安全与健康类的期刊为主。

表 1-7　安全科学样本期刊的聚类与被引信息

Table 1-7　Clusters and cited frequencies of safety science journals

编号	期刊名称	所属聚类	被引频次	篇均引用频次	聚类名称
1	HRS	1	3227	8.21	风险
2	IJDRR	1	2158	3.37	
3	IJDRS	1	830	3.77	
4	JOR	1	560	3.29	
5	JR	1	455	1.95	
6	JRMV	1	211	1.23	
7	JRR	1	4865	6.10	
8	JRU	1	2784	11.75	
9	RA	1	18391	10.72	
10	RM-JRCD	1	135	1.88	
11	ITR	2	10095	10.76	可靠性、过程安全
12	JLPPI	2	10648	6.45	
13	PIMEPO-JRR	2	1466	3.34	
14	PSEP	2	8138	6.96	
15	PSP	2	1601	2.47	
16	RESS	2	28896	13.84	
17	SERRA	2	10972	8.69	
18	AAP	3	41680	13.51	事故、安全与健康
19	IJICSP	3	1620	3.33	
20	IJOSE	3	1586	2.86	
21	JSR	3	6854	10.02	
22	SS	3	22496	10.66	
23	WHS	3	693	1.04	

1.4　本研究的内容结构

　　本书主要写给安全科学研究领域的一线科技工作者，政府的安全管理与决策部门，以及热衷于安全科学研究和发展的企业、单位和个人。

　　本研究采集了 2008—2017 年国内外知名安全科学期刊的论文，对文献中包含的相关知识元进行了描述性统计、统计分布以及知识单元之间的关系分析。整个研究分为五章内容，分别为：

第一章 引言。主要介绍了本研究涉及的核心数据集的分布情况。

第二章 安全科学论文产出与合作学术地图。主要介绍了安全科学论文产出在时间、期刊、国家 / 地区、机构、作者等维度的分布情况。同时，从国家 / 地区、机构、作者等维度对国际安全科学研究的合作情况进行了深入分析。

第三章 安全科学热点主题学术地图。主要介绍了 2008—2017 年间安全科学研究的高频主题，在整体数据维度、时间维度、影响维度、期刊维度和空间维度对热点主题的词频和聚类进行了分析。

第四章 安全科学知识吸收学术地图。主要介绍了安全科学研究中的高被引期刊和论文，以及作者的整体引证分布和聚类情况。

第五章 中国安全科学学术地图。主要介绍了国际和国内期刊、会议以及博士论文所反映的我国安全科学研究的产出、合作以及主题分布和聚类，系统地绘制了我国的安全科学学术地图。

02

第二章

安全科学论文产出
与合作学术地图

2.1 论文产出与合作的整体趋势

2.1.1 论文产出的整体趋势

科技论文产出是衡量科技发展状况最基本的指标之一，反映了科学研究的活跃程度。在 2008—2017 年，样本期刊产出各类科技论文共 20432 篇，论文的年度产出与被引信息见表 2–1 和图 2–1。

表 2–1 安全科学论文产出与被引信息

Table 2–1 Outputs and cited frequencies of safety science publications

年份	论文量	累计量	百分比	TLCS	TGCS	H1	H2
2008	1384	1384	6.8%	6551	28256	26	68
2009	1514	2898	7.4%	6593	27027	25	64
2010	1554	4452	7.6%	6197	24575	25	57
2011	1595	6047	7.8%	5645	22966	23	56
2012	1956	8003	9.6%	5395	21731	20	49
2013	2293	10296	11.2%	5499	21274	19	42
2014	2204	12500	10.8%	4051	15152	15	30
2015	2522	15022	12.3%	3161	12008	12	29
2016	2680	17702	13.1%	1537	5828	7	15
2017	2730	20432	13.4%	480	1544	6	8

注：TLCS 全称为本地被引次数，表示一篇论文或者一类论文在当前下载的数据集中被引用的次数；TGCS 全称为全局被引次数，表示一篇论文或者一类论文在 Web of Science 中的被引次数；H 指数由美国加利福尼亚大学圣地亚哥分校的物理学家乔治·希尔施在 2005 年提出[①]，表示所考察的数据集中至少有 n 篇论文被引用了 n 次，那么 H 指数就等于 n。H1 表示基于本地数据库所计算的某一类别论文的 H 指数，H2 表示基于论文在 Web of Science 中的被引信息计算的 H 指数。

---

① Hirsch J E. An index to quantify an individual's scientific research output [J]. Proceedings of the National Academy of Sciences of the United States of America，2005，102(46): 16569-16572.

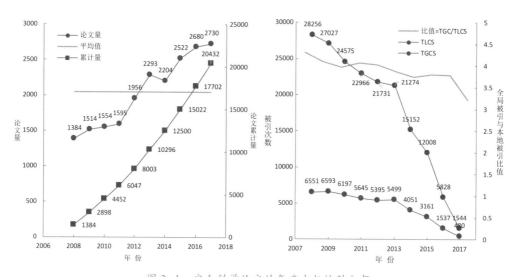

图 2-1 安全科学论文的年产出与被引分布

Fig. 2-1 Distribution of outputs and citations of safety science publications

　　2008—2017 年安全科学研究呈稳步增长的趋势。23 种期刊在 2008 年的总论文量为 1384 篇，在 2017 年达到了 2730 篇，增长近两倍。以 2008 年为起点计算 23 种期刊论文的累计量，到 2013 年论文的累计量首次突破 10000 篇，到 2017 年论文累计量达到了 20432 篇，总累计量约是 2008 年的 15 倍。安全科学研究产出的活跃反映了安全科学研究越来越受到重视，投入到安全科学研究事业中的资源（资金、学者等）也越来越多。

　　从安全科学论文的整体被引用分布来看，2008—2013 年，安全科学论文的被引频次每年都超过了 20000 次，2014—2015 年论文的被引频次也都超过了 10000 次，2016—2017 年的被引频次相对较低，分别为 5828 次和 1544 次。显然，发表时间较早的论文在被引频次上有显著的累积效应，被引频次也相对更高。

2.1.2 期刊产出的时空分布

　　安全科学期刊论文的年度产出分布见表 2-2。从表 2-2 中可知，期刊 *AAP*、*JLPPI*、*RESS*、*RA*、*SS* 以及 *SERRA* 的论文年产量要显著高于其他期刊。年度产出排名靠前的论文在总量上也排在前列。

表 2-2　安全科学期刊论文的年度产出分布

Table 2-2　Publications output of the safety science journals in each year

期刊名称	2008年	2009年	2010年	2011年	2012年	2013年	2014年	2015年	2016年	2017年	均值	合计
AAP	256	160	273	264	292	518	327	310	343	341	308	3084
HRS	43	40	42	45	48	51	42	29	35	18	39	393
IJDRR	0	0	0	0	18	41	88	138	146	210	64	641
IJDRS	0	0	10	18	22	21	29	41	35	44	22	220
IJICSP	36	38	37	48	57	56	57	56	50	51	49	486
IJOSE	42	40	41	45	52	60	58	71	75	71	56	555
ITR	73	71	75	87	102	87	74	117	151	101	94	938
JLPPI	74	150	112	107	124	194	159	213	298	220	165	1651
JOR	20	19	19	18	15	19	18	21	21	*	17	170
JR	22	20	20	18	17	16	28	31	31	30	23	233
JRMV	0	20	20	20	16	12	20	20	21	23	17	172
JRR	78	63	67	78	81	84	88	85	85	88	80	797
JRU	27	27	25	24	24	25	24	25	20	16	24	237
JSR	91	65	70	74	64	67	72	63	51	67	68	684
PIMEPO-JRR	0	32	30	38	54	58	56	54	53	64	44	439
PSEP	49	55	53	57	58	56	102	183	247	309	117	1169
PSP	50	55	67	67	79	81	63	63	65	57	65	647
RA	138	166	174	171	199	170	169	170	174	184	172	1715
RESS	185	208	141	167	153	215	224	272	239	284	209	2088
RM-JRCD	3	2	1	2	9	1	10	16	13	15	7	72
SERRA	79	104	100	86	84	152	162	163	156	176	126	1262
SS	118	179	177	161	257	225	237	261	250	246	211	2111
WHS	0	0	0	0	131	84	97	120	121	115	67	668
均值	60	66	68	69	85	100	96	110	117	119	89	20432
合计	1384	1514	1554	1595	1956	2293	2204	2522	2680	2730	2043	20432

注：若表格中的数据为 0，则表明该期刊当年未刊出论文或论文未被 SCI／SSCI 收录。* 表示在数据采集的时间点并未采集到数据。

为了进一步了解安全科学期刊在空间维度上的分布，对发文量排名前十位的期刊所刊载论文从国家 / 地区维度和机构维度进行重点分析。

（1）在期刊 *AAP* 上的发文量排在前列的国家 / 地区有美国（1001）、澳大利亚（501）、加拿大（294）、中国（254）、英格兰（191）、法国（152）、瑞典（148）、西班牙（103）、荷兰（96）以及德国（93）；主要的发文机构为莫纳什大学（122）、昆士兰科技大学（107）、中佛罗里达大学（70）、挪威运输经济研究所（66）、新南威尔士大学（59）以及昆士兰大学（44）。

（2）在期刊 *SS* 上的发文量排在前列的国家 / 地区主要有中国（332）、美国（264）、澳大利亚（213）、英格兰（171）、挪威（145）、荷兰（130）、加拿大（108）、意大利（94）、法国（90）以及瑞典（87）。主要的发文机构为代尔夫特理工大学（81）、斯塔万格大学（42）、挪威科技大学（41）、莫纳什大学（33）、中国矿业大学（31）、昆士兰科技大学（29）、诺丁汉大学（25）、清华大学（21）以及新南威尔士大学（21）。

（3）在期刊 *RESS* 上的发文量排在前列的国家 / 地区有美国（492）、中国（346）、法国（239）、意大利（199）、英格兰（170）、挪威（156）、加拿大（144）、荷兰（93）、韩国（86）以及西班牙（86）。高产机构为斯塔万格大学（100）、米兰理工大学（90）、电子科技大学（59）、以色列电力公司（58）、代尔夫特理工大学（54）、桑迪亚国家实验室（49）、挪威科技大学（41）、特鲁瓦技术大学（33）、马萨诸塞大学（31）、西北工业大学（29）、史蒂文斯理工学院（29）以及马里兰大学（29）。

（4）在期刊 *RA* 上的发文量排在前列的国家 / 地区有美国（829）、英格兰（159）、荷兰（121）、加拿大（99）、法国（72）、澳大利亚（65）、中国（63）、意大利（57）、瑞士（50）以及德国（40）。主要的发文机构是美国环境保护署（43）、罗特格斯州立大学（37）、哈佛大学（31）、德州农工大学（28）、斯塔万格大学（28）、卡耐基梅隆大学（26）、乔治华盛顿大学（25）、科罗拉多大学（25）、弗吉尼亚大学（25）以及代尔夫特理工大学（24）。

（5）在期刊 *JLPPI* 上的发文量排在前列的国家 / 地区有中国（371）、美国（329）、意大利（116）、英格兰（95）、法国（91）、加拿大（90）、伊朗（74）、日本（70）、德国（66）、挪威（62）以及韩国（60）。主要的发文机构有德州农工大学（106）、北京理工大学（39）、中国石油大学（37）、纽芬兰纪念大学（37）、南京工业大学（33）、中国矿业大学（32）、德克萨斯农工大学系统（28）、大连理工大学（25）、德黑兰大学（24）以及联邦材料研究与测试研究所（22）。

（6）在期刊 *SERRA* 上的发文量排在前列的国家 / 地区有中国大陆（378）、美国（265）、加拿大（122）、西班牙（109）、澳大利亚（77）、意大利（64）、英格兰（60）、韩国（59）、中国台湾（53）、伊朗（50）。主要的发文机构是中国科学院（62）、北京师范大学（49）、河海大学（47）、里贾纳大学（41）、台湾大学（36）、武汉大学（32）、华北电力大学（31）以及德州农工大学（31）。

（7）在期刊 *PSEP* 上发表的论文主要来源的国家/地区有中国（184）、英格兰（122）、印度（120）、伊朗（115）、马来西亚（84）、加拿大（74）、意大利（56）、澳大利亚（55）、美国（55）、西班牙（48）以及法国（45）。主要的发文机构是纽芬兰纪念大学（35）、英国安全与健康实验室（21）、达尔豪斯大学（19）、伊斯兰阿扎德大学（19）、马来西亚特克诺尔大学（19）、代尔夫特理工大学（17）、印度理工学院（17）、德拉萨尔大学（15）、中国矿业大学（14）以及德黑兰大学（14）。

（8）在期刊 *ITR* 上发表论文的主要来源国家/地区有美国（288）、中国大陆（244）和台湾（98）、加拿大（96）、法国（67）、英格兰（49）、意大利（45）、印度（38）、伊朗（32）、西班牙（32）以及土耳其（31）。主要的发文机构为电子科技大学（48）、麦克马斯特大学（32）、台湾清华大学（31）、香港城市大学（30）、米兰理工大学（29）、罗特格斯州立大学（27）、阿尔伯塔大学（25）、以色列电力公司（24）、清华大学（23）以及马萨诸塞大学（21）。

（9）在期刊 *JRR* 上发表论文的主要来源国家/地区有英格兰（148）、美国（139）、荷兰（76）、瑞典（56）、德国（50）、挪威（46）、中国（35）、加拿大（31）以及意大利（31）。主要的发文机构为斯塔万格大学（22）、伦敦国王学院（20）、罗特格斯州立大学（15）、马斯特里赫特大学（14）、隆德大学（12）、瑞士联邦理工学院（12）、苏黎世联邦理工学院（11）、东安格利亚大学（11）以及斯图加特大学（11）。

（10）在期刊 *JSR* 上发表论文的主要来源国家/地区有美国（409）、加拿大（57）、澳大利亚（41）、瑞典（28）、英格兰（20）、西班牙（19）、中国（16）、法国（15）以及荷兰（14）。主要的发文机构为美国疾病控制与预防中心（62）、美国国家职业安全与健康研究所（39）、美国高速公路安全保险协会（25）、密歇根大学（21）、俄亥俄州立大学（10）以及太平洋研究和评价学会（10）。

2.1.3　论文合作的整体趋势

科研合作能够发挥团队优势，实现资源（如实验设备、设施、环境等）、智力、信息共享，使攻克复杂科学问题成为可能。在当今科学系统中，科研合作已经成为科学研究的重要方式，是发展大科学项目和解决全球性科学问题的主要途径。美国《科学》杂志曾多次发文提及科研合作及其合作的趋势问题[1][2][3][4]，《科学学》杂志 2018 年 3 月 2 日发表的一篇综述同样涉及了团队合作的综述说明[5]，该文章

---

[1] Norman, C. Scientific collaboration in the middle east [J]. Science, 1982, 215(4533): 639-642.

[2] Jones, B. F., Wuchty, S., & Uzzi, B. Multi-university research teams: shifting impact, geography, and stratification in science [J]. Science, 2008, 322(5905), 1259-1262.

[3] Wuchty, S., Jones, B. F., & Uzzi, B. The increasing dominance of teams in production of knowledge [J]. Science, 2007, 316(5827), 1036-1039.

[4] Valderas, J. M. Why do team-authored papers get cited more? [J]. Science, 2007, 317(5844), 1496.

[5] Fortunato, S., et al., Science of science [J]. Science, 2018, 359(6379), eaao0185.

指出：研究已经转向团队化，因此团队协助也是有益的，小团队的工作往往更具突破性（颠覆性），而大团队的工作往往会产生更大的影响。

安全科学作为一门综合学科，横跨理、工、农、医、人文等领域，各个子领域内部以及与领域外的专家协同合作，成为安全科学健康和快速发展的保证。对安全科学论文中作者、国家/地区以及机构合作规模进行分析，见表2-3和图2-2。从图2-2和表2-3可以得出，科学家之间的合作更多地集中在同一个国家/地区或同一个机构。安全科学研究的最佳合作模式为同一国家/地区或同一机构内部的合作，这反映了科学家的空间分布影响着科学合作。从当前统计的整体分布可以看出，国家/地区、机构维度的最佳合作规模为1个，而在作者合作维度上，安全科学研究的最佳合作规模为2—3人。

表2-3 安全科学合作规模统计

Table 2-3 Distribution of team size of safety science research

编号	规模	频次（作者）	频次（机构）	频次（国家/地区）
1	0	0	575	575
2	1	3334	9368	15273
3	2	4974	6297	3725
4	3	4923	2721	685
5	4	3478	952	117
6	5	1915	294	35
7	6	964	107	7
8	7	405	50	8
9	8	174	27	5
10	9	107	13	0
11	10	58	13	2
12	11	26	3	0
13	12	16	4	0
14	13	16	2	0
15	14	11	1	0
16	15	17	2	0
17	16	2	2	0
18	17	3	1	0
19	18	3	0	0
20	19	1	0	0
21	21	2	0	0
22	22	1	0	0
23	23	1	0	0
24	44	1	0	0

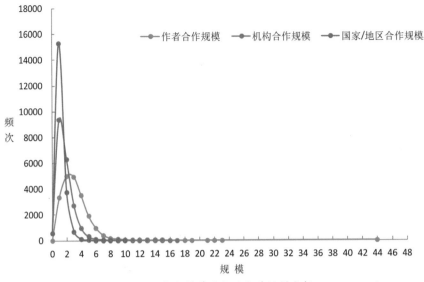

图 2-2　安全科学论文的合作规模分析

Fig. 2-2　Distribution of team size of safety science research in authors-institutions-countries / regions level

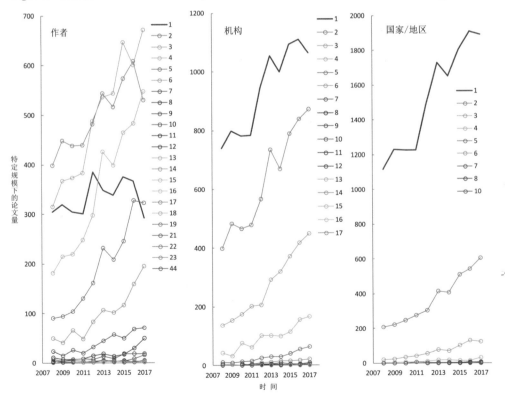

图 2-3　不同规模作者论文的趋势分析

Fig. 2-3　Annual trends of team size of safety science research

　　进一步从时间维度对安全科学合作规模的趋势进行分析，见图 2-3。在作者维度上，安全科学论文合作呈显著增长的趋势，论文作者数量为 1 的论文数呈波动下降的趋势，表明在作者层面上，安全科学论文合作是大势所趋。机构、国家 / 地区维度上的合作亦呈显著增长的趋势，虽然同一个机构、国家 / 地区内部的合作仍然占主导地位，但在 2016 年和 2017 年，国家 / 地区独立发文的数量有下降的趋势。

　　进一步从宏观层面对论文合作与产出，以及合作与论文的被引频次进行分析，见图 2-4。图中横轴表示合作数量（即国家 / 地区发表论文与其他国家 / 地区的合作次数），纵轴分别表示论文量（左图）和被引频次（GCS，右图）。结果显示，国家 / 地区与其他国家 / 地区合作的关系数量越多，则论文量越多，论文的被引次数也越多。因此可以推断，广泛地进行国际间的合作，一方面有利于增加论文的产出量，另一方面有利于增加国家 / 地区的论文被引频次，从而提高该国家 / 地区在行业内的影响力。

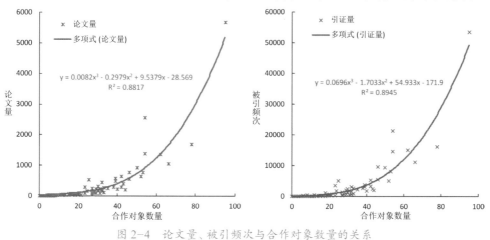

图 2-4　论文量、被引频次与合作对象数量的关系

Fig. 2-4　The correlation between number of collaborations、publications outputs and citations

2.2　国家 / 地区的论文产出与合作

2.2.1　国家 / 地区的论文产出分布

　　2008—2017 年 23 种安全科学期刊上各个国家 / 地区的论文量和被引频次分布见图 2-5（论文序号是按照论文量或被引频次的大小依次排序的）。其中，国家 / 地区论文量与国家 / 地区数量的对应关系见表 2-4。图 2-5（左图）展示了国家 / 地区按照论文量高低顺序排列的分布图，可以明显地看到有大量国家 / 地区的论文量处于较低水平，仅有少量国家 / 地区的论文量位于高产量区。国家 / 地区论文的被引频次分布也是如此。反映了在国际安全科学研究中，有很小一部分国家 / 地区的论文量和被引频次处于较高的位置，大量的国家 / 地区的论文量和被引频次处于较低的位置。表现了在国家 / 地区层面上的安全科学产出与被引的不平衡性。

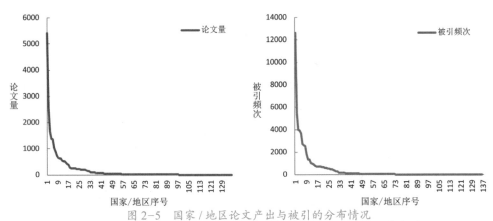

图 2-5　国家／地区论文产出与被引的分布情况

Fig. 2-5　Distribution of countries / regions' publications output and citations

表 2-4　国家／地区的论文量与国家／地区的数量

Table 2-4　Publications output and frequencies of countries / regions

编号	论文量	数量	编号	论文量	数量	编号	论文量	数量
1	1	23	25	41	1	49	241	1
2	2	7	26	43	1	50	254	1
3	3	9	27	45	1	51	260	1
4	4	6	28	51	1	52	270	1
5	5	7	29	52	3	53	271	1
6	6	4	30	55	1	54	293	1
7	7	4	31	62	1	55	398	1
8	8	2	32	65	1	56	429	1
9	9	1	33	73	1	57	468	1
10	10	5	34	74	1	58	524	1
11	14	1	35	83	2	59	536	1
12	15	2	36	89	1	60	561	1
13	16	1	37	91	1	61	628	1
14	17	1	38	101	1	62	631	1
15	18	1	39	104	1	63	669	1
16	19	3	40	151	1	64	739	1
17	22	1	41	152	1	65	902	1
18	24	1	42	169	1	66	1033	1
19	29	1	43	193	1	67	1364	1
20	30	1	44	194	1	68	1376	1
21	31	1	45	208	1	69	1647	1
22	33	1	46	209	1	70	2552	1
23	37	2	47	225	1	71	5421	1
24	38	1	48	226	1	—	—	—

由表 2-5 可知，美国以 5421 篇的论文量位于首位，远远高于其他国家／地区的论文产出量，占到了全部论文的 26%。其次是中国，论文量为 2552 篇，排名第二。英格兰、澳大利亚、加拿大以及法国的论文量都在 1000 篇以上。意大利、荷兰、挪威、西班牙、德国、伊朗、瑞典以及中国台湾的论文量都在 500 篇以上。

论文的产出情况反映了美国仍然是当前世界安全科学研究的产出中心。虽然我国在论文产出上位居第二位，但美国的论文量是我国的两倍以上，我国与美国仍然存在很大的差距。

表 2-5　安全科学高产国家／地区的论文量与被引信息

Table 2-5　Outputs and citations of high productive countries / regions

编号	国家／地区	中文对照	洲	论文量	被引频次	被引排序	H1	H2
1	USA	美国	北美洲	5421	12653	1	29	73
2	China	中国大陆	亚洲	2552	5506	2	18	45
3	England	英格兰	欧洲	1647	3898	4	18	47
4	Australia	澳大利亚	大洋洲	1376	3645	5	20	46
5	Canada	加拿大	北美洲	1364	3967	3	21	48
6	France	法国	欧洲	1033	2631	7	17	42
7	Italy	意大利	欧洲	902	2747	6	19	40
8	Netherlands	荷兰	欧洲	739	1800	9	18	37
9	Norway	挪威	欧洲	669	2538	8	19	39
10	Spain	西班牙	欧洲	631	935	14	12	29
11	Germany	德国	欧洲	628	1007	13	10	31
12	Iran	伊朗	亚洲	561	790	15	11	27
13	Sweden	瑞典	欧洲	536	1345	11	16	32
14	Taiwan	中国台湾	亚洲	524	1382	10	15	33
15	India	印度	亚洲	468	711	17	11	26
16	South Korea	韩国	亚洲	429	757	16	11	26
17	Japan	日本	亚洲	398	526	20	8	23
18	Turkey	土耳其	亚洲	293	669	18	10	24
19	Switzerland	瑞士	欧洲	271	592	19	9	25
20	Israel	以色列	亚洲	270	1031	12	15	31

为进一步了解 2008—2017 年各个国家／地区发文随时间的变化情况，从整体数据中提取各个国家／地区 2008—2017 年发文的时序变化，见图 2-6。从结果来看，过去十年美国在安全科学领域的发文整体上呈增长趋势，但 2016—2017 年有所下降。美国每年的发文量都排在第一名，其中 2008 年产量最低，为 377 篇，2016 年产量最高，达到了 718 篇。虽然 2008—2011 年，我国安全科学论文的产出处于与其他高产国家相当的水平，但是与以往相比已经有明显的增长趋势。从

2012 年开始，我国安全科学的论文产量远远超过了其他高产国家 / 地区，并在 2012—2015 年稳步增长。2016—2017 年，我国安全科学论文的产量在之前的基础上又有了显著提高。其他高产国家 / 地区的年度分布与论文总量的排名一致，总量排在前面的国家 / 地区，在论文产出的时序分布上也排在前面。高产国家 / 地区论文产出年度分布矩阵见表 2-6。

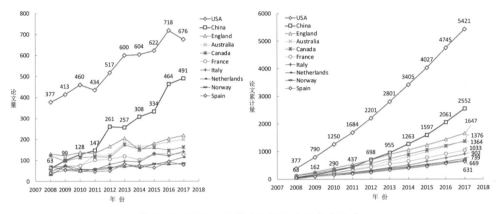

图 2-6　TOP 10 国家 / 地区论文的年度分布
Fig. 2-6　Annual trends of Top 10 countries / regions

表 2-6　高产国家 / 地区论文产出年度分布矩阵
Table 2-6　Annual outputs of high productive countries / regions

年份	US	CN	EN	AU	CA	FR	ITA	NL	NO	ES	Max	国家
2008	377	63	131	71	122	67	46	70	30	41	377	US
2009	413	99	123	71	97	71	76	56	73	53	413	US
2010	460	128	137	73	113	75	58	57	45	49	460	US
2011	434	147	134	125	117	101	57	55	60	46	434	US
2012	517	261	167	126	116	106	82	62	67	50	517	US
2013	600	257	205	181	174	119	96	83	69	82	600	US
2014	604	308	149	166	154	102	92	64	74	74	604	US
2015	622	334	180	174	160	131	132	82	84	65	622	US
2016	718	464	202	189	148	132	121	95	80	93	718	US
2017	676	491	219	200	163	129	142	115	87	78	676	US
Max	718	491	219	200	174	132	142	115	87	93	718	US
年份	2016	2017	2017	2017	2013	2016	2017	2017	2017	2016	—	—
合计	5421	2552	1647	1376	1364	1033	902	739	669	631	—	—

　　注：US—USA（美国），CN—China（中国），EN—England（英格兰），AU—Australia（澳大利亚），CA—Canada（加拿大），FR—France（法国），ITA—Italy（意大利），NL—Netherlands（荷兰），NO—Noway（挪威），ES—Spain（西班牙）。下同。

表 2-7　国家 / 地区的期刊论文产出矩阵

Table 2-7　Outputs of countries / regions in each journal

期刊	US	CN	EN	AU	CA	FR	ITA	NL	NO	ES
AAP	1001	254	191	501	294	152	73	96	76	103
HRS	35	5	163	44	50	5	8	30	9	2
IJDRR	111	37	57	76	31	12	29	14	13	11
IJDRS	51	64	26	9	3	10	7	5	5	3
IJICSP	148	14	14	55	27	11	13	9	5	4
IJOSE	40	17	19	10	31	15	17	7	7	11
ITR	288	244	49	28	96	67	45	8	9	32
JLPPI	329	371	95	44	90	91	116	39	62	28
JOR	21	6	18	17	6	10	18	1	1	8
JR	81	10	14	12	15	6	10	9	2	6
JRMV	29	5	23	6	14	4	6	0	4	8
JRR	139	35	148	29	31	25	31	76	46	19
JRU	126	9	42	8	6	27	13	30	2	5
JSR	409	16	20	41	57	15	9	14	1	19
PIMEPO-JRR	55	106	46	2	21	78	29	7	34	13
PSEP	55	184	122	55	74	45	56	22	13	48
PSP	298	41	19	8	31	17	8	10	13	2
RA	829	63	159	65	99	72	57	121	31	30
RESS	492	346	170	67	144	239	199	93	156	86
RM-JRCD	13	9	16	3	2	0	0	0	1	1
SERRA	265	378	60	77	122	40	64	18	30	109
SS	264	332	171	213	108	90	94	130	145	81
WHS	342	6	5	6	12	2	0	0	4	2
Max	1001	378	191	501	294	239	199	130	156	109
Max 标签	*AAP*	*SERRA*	*SS*	*AAP*	*AAP*	*RESS*	*RESS*	*SS*	*RESS*	*SERRA*

　　国家 / 地区在期刊维度的产出在一定程度上反映了这些国家 / 地区发文的主题特征。在时序分析的基础上，从期刊发文的视角分析各个国家 / 地区，见表 2-7。结果显示：美国、澳大利亚和加拿大 2008—2017 年的发文主要集中在期刊 *AAP* 上，中国和西班牙的发文主要集中在期刊 *SERRA* 上，英国和荷兰的发文主要集中在期刊 *SS* 上，法国、意大利和挪威的发文主要集中在期刊 *RESS* 上。

2.2.2　国家 / 地区的合作分析

　　进一步对国际安全科学国家 / 地区间的合作网络进行分析，见图 2-7。在网络图中，连线表示国家 / 地区之间的合作关系，连线的宽度代表了国家 / 地区之间的合作强度。为了突出重要的合作关系，图中显示了合作强度大于等于 5 的合作关系。图中节点的大小表示发文量的多少，节点越大则对应的国家 / 地区在安全科学领域的发文越多。节点的颜色表示各个国家 / 地区的平均发文时间，节点的颜色越接近暖色，则对应的国家 / 地区在安全领域中发文的平均时间越接近于当前的时间。前文已经讨论过国家 / 地区发文的总量、引证以及时间趋势情况，这里通过进一步分析，可以发现中国、伊朗、印度、马来西亚以及南非所发表论文的平均时间距离当前时间较近，是近些年安全领域研究比较活跃的国家。

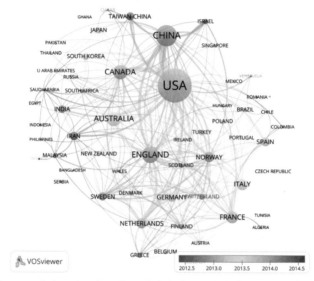

图 2-7　高产国家 / 地区安全科学合作网络（合作强度大于等于 5）
Fig. 2-7　Safety science collaboration network between high productive countries / regions

　　从合作数量的角度分析，可以得到美国与合作网络中的 57 个国家 / 地区有合作关系，美国的合作数量排名第一，反映了美国科研合作的广泛性。其次是英格兰（56）、法国（52）和加拿大（50），这些国家 / 地区与网络中其他国家 / 地区的合作数量达到了 50 次及以上。中国（47）、意大利（46）、荷兰（45）、德国（45）、澳大利亚（44）以及瑞典（40）与其他国家 / 地区的合作数量达到了 40 次及以上。与其他国家 / 地区合作数量大于或等于 30 的国家有日本（39）、挪威（38）、瑞士（38）、西班牙（37）、丹麦（37）、马来西亚（36）、伊朗（35）、印度（34）、芬兰（33）、希腊（32）以及比利时（30）。

　　从国家 / 地区的合作强度来看，国际安全科学合作中的前十大合作关系是：中国—美国、美国—加拿大、意大利—法国、中国—加拿大、美国—英格兰、美国—澳大利亚、中国—澳大利亚、美国—韩国、英格兰—澳大利亚以及中国—英格兰。不难得出，美国在国际安全科学合作中处于主导地位，合作伙伴遍布了亚欧大陆的科研大国和强国。在 10 对合作关系中，有 9 对关系是在中国、美国、加拿大、澳大利亚、韩国和英格兰之间建立的，仅仅有 1 对关系是在意大利和法国之间建立的。这些国家 / 地区之间的合作构成了国际安全科学研究中最重要的双边或多边关系。

通过网络聚类，将合作关系密切的国家 / 地区划分在同一个合作群中，见图 2-8。研究结果显示，在地理位置上相近的国家 / 地区，更容易产生合作关系。

第 1 类中有英格兰（England）、法国（France）、意大利（Italy）、挪威（Norway）、荷兰（Netherlands）、德国（Germany）、西班牙（Spain）、瑞典（Sweden）、土耳其（Turkey）、瑞士（Switzerland）、芬兰（Finland）、比利时（Belgium）、波兰（Poland）以及希腊（Greece）等。该类中的国家 / 地区主要位于欧洲。

第 2 类中有美国（USA）、中国（China）、澳大利亚（Australia）、加拿大（Canada）、韩国（South Korea）、日本（Japan）、以色列（Israel）、新西兰（New Zealand）、南非（South Africa）以及新加坡（Singapore）。

第 3 类中有伊朗（Iran）、印度（India）、马来西亚（Malaysia）、沙特阿拉伯（Saudi Arabia）、Serbia（塞尔维亚）、Egypt（埃及）、Philippines（菲律宾）、尼日利亚（Nigeria）、印度尼西亚（Indonesia）、泰国（Thailand）以及巴基斯坦（Pakistan）。

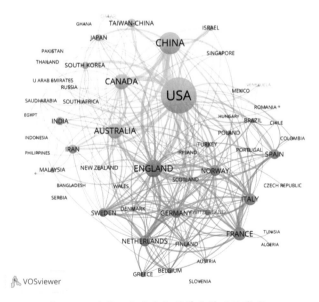

图 2-8 国家 / 地区安全科学合作网络聚类

Fig. 2-8 Clusters of safety science collaboration network between countries / regions

2.3　机构的论文产出与合作

2.3.1　机构的产出分布

将安全科学的研究机构按照产出和被引频次进行分布，结果见图 2-9。机构发文量与机构数量的对应关系见表 2-8。结果显示，在机构层面的产出和引证上，高产机构和高被引机构都集中在少数机构，大量机构的论文量和被引频次都较少。这反映了机构层面安全科研产出的不平衡性，说明在国际安全科学研究中，少数的机构产出了安全领域大多数的科研成果。

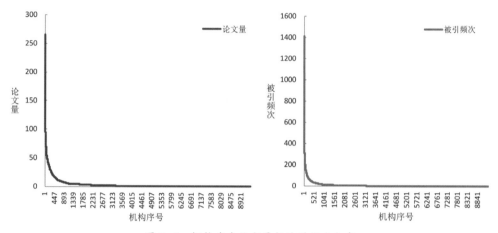

图 2-9　机构产出论文量与被引频次分布
Fig. 2-9　Distribution of institutions' publications output and citations

表 2-8　机构发文量与机构数量的对应关系
Table 2-8　Publications output and frequencies of institutions

编号	论文量	机构数量	编号	论文量	机构数量	编号	论文量	机构数量
1	1	6094	13	13	37	25	25	14
2	2	1124	14	14	20	26	26	14
3	3	519	15	15	28	27	27	6
4	4	305	16	16	35	28	28	15
5	5	211	17	17	21	29	29	13
6	6	127	18	18	22	30	30	6
7	7	122	19	19	25	31	31	7
8	8	82	20	20	19	32	32	2
9	9	83	21	21	12	33	33	10
10	10	39	22	22	19	34	34	9
11	11	50	23	23	11	35	35	9
12	12	35	24	24	9	36	36	13

（续表）

编号	论文量	机构数量	编号	论文量	机构数量	编号	论文量	机构数量
37	37	3	63	63	4	89	95	1
38	38	9	64	64	1	90	96	1
39	39	2	65	65	1	91	97	1
40	40	11	66	66	1	92	102	1
41	41	11	67	67	1	93	106	2
42	42	7	68	68	1	94	107	1
43	43	2	69	69	2	95	109	1
44	44	7	70	70	2	96	111	1
45	45	4	71	71	3	97	112	1
46	46	7	72	72	2	98	114	1
47	47	1	73	73	2	99	116	1
48	48	8	74	74	1	100	117	1
49	49	7	75	76	2	101	119	1
50	50	5	76	77	1	102	125	1
51	51	3	77	78	1	103	128	2
52	52	4	78	79	1	104	140	1
53	53	6	79	80	1	105	141	1
54	54	3	80	81	1	106	147	1
55	55	1	81	83	1	107	155	1
56	56	4	82	86	2	108	177	1
57	57	3	83	88	1	109	213	2
58	58	1	84	90	2	110	229	1
59	59	6	85	91	1	111	253	1
60	60	2	86	92	1	112	266	1
61	61	1	87	93	3	—	—	—
62	62	1	88	94	1	—	—	—

　　安全科学论文发文量排名前20的机构的产出与影响见表2-9。在国际安全科学论文产出的核心机构中，排名前5位的机构在2008—2017年的发文量都超过了200篇。这些机构依次是：德州农工大学（266篇，美国）、代尔夫特理工大学（253篇，荷兰）、斯塔万格大学（229篇，挪威）、莫纳什大学（213篇，澳大利亚）以及米兰理工大学（213篇，意大利）。论文量大于150篇的机构分别是澳大利亚昆士兰科技大学（177篇）和中国科学院（155篇）。在这些高产机构中，将我国的高校或研究机构按照发文量排序，依次为：中国科学院（155篇）、清华大学（141篇）、电子科技大学（128篇）以及北京师范大学（111篇），这些机构是我国参与国际安全科学科研产出的主要机构。当前国内以煤矿、火灾等研究为主的安全高校并没有进入高产机构的行列，主要是由于本报告更多地考虑了安全科学的跨学科和综合性等特点，所以没有专门采

集煤矿、火灾等方面的数据进行研究。安全科学作为一门综合性学科，专门行业的研究是否应该逐步从行业安全问题向安全普适问题研究转变，是个值得思考的问题。

表 2-9 安全科学论文产出的机构分布

Table 2-9 Outputs and citations of high productive institutions

编号	机构	所属国家	中文对照	论文量	被引次数	H1	H2
1	Texas A & M Univ	美国	德州农工大学	266	1007	14	31
2	Delft Univ Technol	荷兰	代尔夫特理工大学	253	759	13	25
3	Univ Stavanger	挪威	斯塔万格大学	229	1411	19	31
4	Monash Univ	澳大利亚	莫纳什大学	213	645	12	26
5	Politecn Milan	意大利	米兰理工大学	213	870	13	25
6	Queensland Univ Technol	澳大利亚	昆士兰科技大学	177	533	11	26
7	Chinese Acad Sci	中国	中国科学院	155	339	9	21
8	Norwegian Univ Sci & Technol	挪威	挪威科技大学	147	499	10	20
9	Tsinghua Univ	中国	清华大学	141	464	10	22
10	Mem Univ Newfoundland	加拿大	纽芬兰纪念大学	140	848	14	24
11	Univ Elect Sci & Technol China	中国	电子科技大学	128	511	11	20
12	Univ Maryland	美国	马里兰大学	128	442	11	23
13	Univ New S Wales	澳大利亚	新南威尔士大学	125	431	10	22
14	Univ Alberta	加拿大	阿尔伯塔大学	119	417	11	23
15	Univ Cent Florida	美国	中佛罗里达大学	117	676	14	24
16	Univ Michigan	美国	密歇根大学	116	181	6	16
17	Rutgers State Univ	美国	罗格斯大学	114	309	10	22
18	Univ Nottingham	英国	诺丁汉大学	112	318	10	21
19	Beijing Normal Univ	中国	北京师范大学	111	219	7	18
20	Indian Inst Technol	印度	印度理工学院	109	237	9	17

国际安全科学高产机构发文的时序分布与时序累计情况见图 2-10。从图中可以看出，国际安全科学高产机构的年产出量呈整体增长的趋势。德州农工大学作为发文总量排名第一的机构，在论文的时序产出上始终保持在较高的水平。在这些机构中，莫纳什大学（2013 年，49 篇）、斯塔万格大学（2009 年，33 篇）、德州农工大学（2016 年，44 篇）以及代尔夫特理工大学（2017 年，53 篇）的论文量都出现了峰值点，这些峰值点暗示着当年这些机构在安全科学论文产出上表现更为活跃。此外，意大利米兰理工大学的安全科学论文量亦呈稳步增长的趋势，2015—2017 年，米兰理工大学的论文产出量排在第一或第二名。我国的中国科学院和清华大学的论文量上呈整体增长的趋势，中国科学院从 2008 年的 4 篇，增长到了 2017 年的 26 篇；清华大学 2008 年的论文量仅有 13 篇，2017 年的论文量增长到了 23 篇。国际安全科学高产机构发文的时序分布详见表 2-10。

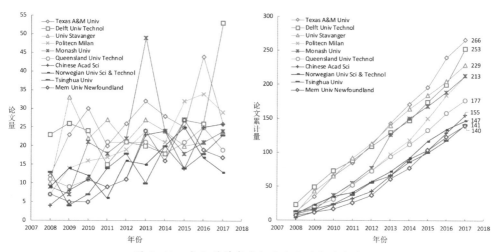

图 2-10　安全科学高产机构发文的年度分布

Fig. 2-10　Annual trends of Top 10 institutions

表 2-10　安全科学高产机构发文时序信息

Table 2-10　Annual outputs of high productive institutions

项目	2008年	2009年	2010年	2011年	2012年	2013年	2014年	2015 年	2016年	2017年	合计
TAM	12	23	30	20	26	32	28	25	44	26	266
DTU	23	26	24	15	21	20	18	27	26	53	253
STA	10	33	22	27	21	27	24	20	21	24	229
MIL	7	14	16	17	19	24	21	32	34	29	213
MON	9	7	21	18	22	49	24	18	21	24	213
QUT	11	9	11	21	21	21	18	21	25	19	177
CAS	4	8	11	9	11	23	24	14	25	26	155
NUST	9	14	12	6	16	15	20	25	17	13	147
TSH	13	4	7	14	18	10	20	14	18	23	141
MUN	7	5	5	9	11	24	16	27	19	17	140

注：TAM—Texas A & M Univ（美国德州农工大学），DTU— Delft Univ Technol（荷兰代尔夫特理工大学），STA—Univ Stavanger（挪威斯塔万格大学），MON—Monash Univ（澳大利亚莫纳什大学），MIL—Politecn Milan（意大利米兰理工大学），QUT—Queensland Univ Technol（澳大利亚昆士兰科技大学），CAS—Chinese Acad Sci（中国科学院）；NUST—Norwegian Univ Sci & Technol（挪威科技大学），TSH—Tsinghua Univ（中国清华大学），MUN—Mem Univ Newfoundland（加拿大纽芬兰纪念大学）。

国际安全科学机构与期刊的产出关系矩阵见表 2-11。结果显示，澳大利亚的两所大学（莫纳什大学和昆士兰科技大学）的论文主要发表在期刊 *AAP* 上，中国科学院的论文主要发表在期刊 *SERRA* 上，荷兰代尔夫特理工大学和挪威科技大学的论文主要发表在期刊 *SS* 上，意大利米兰理工大学、挪威科技大学以及挪威斯塔万格大学的论文主要发表在期刊 *RESS* 上，加拿大纽芬兰纪念大学和美国德州农工大学的论文主要发表在期刊 *JLPPI* 上，我国清华大学的论文主要发表在期刊 *ITR* 上。

表 2-11　机构的期刊论文产出矩阵

Table 2-11　Outputs of institutions in each journal

期刊	MON	CAS	DUT	MIL	MUN	NUT	QUE	STA	TAM	TSH
AAP	122	21	21	4	0	16	107	1	31	20
HRS	9	0	0	0	3	3	1	1	1	0
IJDRR	1	5	3	4	0	0	1	3	5	0
IJDRS	0	10	1	1	0	0	0	0	2	0
IJICSP	19	1	0	0	0	0	8	0	1	1
IJOSE	1	0	0	2	0	2	0	0	1	4
ITR	5	8	3	29	1	2	0	3	5	23
JLPPI	0	4	21	17	37	15	0	6	106	17
JOR	0	2	0	0	0	0	0	1	0	0
JR	1	0	0	0	0	1	0	0	1	0
JRMV	0	0	0	0	0	1	0	0	0	0
JRR	1	10	10	3	2	7	5	22	5	1
JRU	2	0	0	0	0	0	0	0	6	0
JSR	6	0	6	0	0	0	8	0	6	1
PIMEPO-JRR	0	0	6	19	3	12	0	17	0	6
PSEP	4	6	17	9	35	3	2	3	11	8
PSP	0	0	2	1	10	1	0	1	4	3
RA	7	7	24	15	10	1	5	28	28	5
RESS	0	10	54	90	17	41	8	100	12	23
RM-JRCD	1	0	0	0	0	0	0	1	1	0
SERRA	1	62	4	11	4	0	3	0	31	8
SS	33	9	81	8	18	41	29	42	7	21
WHS	0	0	0	0	0	1	0	0	2	0
Max	122	62	81	90	37	41	107	100	106	23
Max 标签	*APP*	*SERRA*	*SS*	*RESS*	*JLPPI*	*SS / RESS*	*AAP*	*RESS*	*JLPPI*	*ITR*
合计	213	155	253	213	140	147	177	229	266	141

2.3.2　机构的合作分析

以发文量大于等于 50 篇为机构的提取阈值，得到包含 107 个机构的安全科学研究机构合作网络，见图 2-11。网络中节点的大小与机构的发文量呈正比，节点越大，则对应机构的发文量越多。连线表示机构之间的合作关系，线的宽度表示合作关系的强度。为了使合作网络的显示更清晰，图中仅显示了机构之间合作强度大于等于 2（即论文合作量大于等于 2）的连线。图中节点的颜色表示节点所对应的机构发文的平均时间，机构发文越接近当前时间，则节点的颜色越接近红色。结果显示，北京航空航天大学、皇家墨尔本理工大学、澳大利亚科廷大学、西北工业大学、同济大学、阿拉巴马大学伯明翰分校、中国矿业大学、北京理工大学、河海大学以及伊斯兰阿扎德大学在安全领域发文平均时间相对要接近当前时间，是近期安全科学研究中比较活跃的机构。

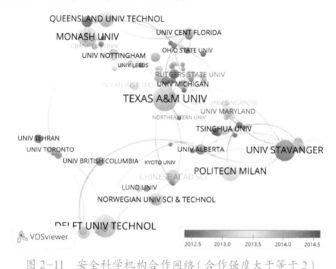

图 2-11　安全科学机构合作网络（合作强度大于等于 2）

Fig. 2-11　Safety science collaboration network between high productive institutions

　　从合作关系数量的角度进行分析，结果显示，德州农工大学（33）和香港城市大学（30）是网络中与其他机构合作数量大于或等于 30 的机构。代尔夫特理工大学（28）、哈佛大学（28）、莫纳什大学（28）、马里兰大学（26）、清华大学（25）、密歇根大学（24）、华盛顿大学（24）、阿尔伯塔大学（23）、中国科学院（22）以及挪威斯塔万格大学（21）与其他机构的合作数量都达到了 20 次以上。这些机构在安全科学研究中与其他机构之间的合作密切，也说明了这些机构产生了广泛的安全研究影响力。

　　在合作网络中，合作强度最大的前十对机构分别是电子科技大学—以色列电力公司、戴尔豪斯大学—纽芬兰纪念大学、代尔夫特理工大学—安特卫普大学、电子科技大学—马萨诸塞大学、以色列电力公司—马萨诸塞大学、以色列电力公司—斯塔万格大学、昆士兰大学—昆士兰科技大学、伊斯兰阿扎德大学—德黑兰大学、新南威尔士大学—悉尼大学以及莫纳什大学—墨尔本大学。这些机构之间的合作关系构成了安全科学研究机构合作层次最重要的合作关系。

　　在网络图中，机构之间的距离越近，关系越紧密。通过网络聚类将安全科学的机构划分为六个合作群，见图 2-12。

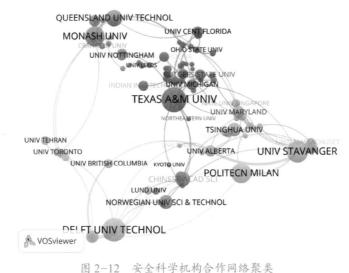

图 2-12 安全科学机构合作网络聚类

Fig. 2-12 Clusters of safety science collaboration network between institutions

  第 1 个合作群中的机构有德州农工大学（Texas A & M Univ）、中佛罗里达大学（Univ Cent Florida）、密歇根大学（Univ Michigan）、罗格斯大学（Rutgers State Univ）、印度理工学院（Indian Inst Technol）、北卡罗来纳大学（Univ N Carolina）、美国国家职业安全卫生研究所（NIOSH）、哈佛大学（Harvard Univ）、华盛顿大学（Univ Washington）以及美国疾病控制与预防中心（Ctr Dis Control & Prevent）。该合作群的机构主要来源于美国，仅有一个是美国之外的机构——印度理工学院。说明了该合作群中的合作主要以美国的机构为主导，印度理工学院与美国的机构之间形成了一定的合作关系。

  第 2 个合作群中的机构有斯塔万格大学（Univ Stavanger）、清华大学（Tsinghua Univ）、马里兰大学（Univ Maryland）、电子科技大学（Univ Elect Sci & Technol China）、阿尔伯塔大学（Univ Alberta）、北京理工大学（Beijing Inst Technol）、马萨诸塞大学（Univ Massachusetts）、以色列电力公司（Israel Elect Corp Ltd）、香港城市大学（City Univ Hong Kong）以及新加坡国立大学（Natl Univ Singapore）。此外，第 2 个合作群中还包含我国的中国矿业大学、北京航空航天大学、中国石油大学、浙江大学、北京科技大学以及中国科学技术大学。该合作群中的国家 / 地区来源广泛，以中国的机构为主，同时有挪威、加拿大和美国等国家的机构。

  第 3 个合作群中的机构有莫纳什大学（Monash Univ）、昆士兰科技大学（Queensland Univ Technol）、新南威尔士大学（Univ New S Wales）、诺丁汉大学（Univ Nottingham）、昆士兰大学（Univ Queensland）、格拉纳达大学（Univ Granada）、罗浮堡大学（Univ Loughborough）、悉尼大学（Univ Sydney）、克兰菲尔德大学（Cranfield Univ）以及墨尔本大学（Univ Melbourne）。该合作群中的机构以澳大利亚和英格兰的机构为主，反映了澳大利亚与英格兰在安全科学研究中的关系十分紧密。

第 4 个合作群中的机构有代尔夫特理工大学（Delft Univ Technol）、米兰理工大学（Politecn Milan）、纽芬兰纪念大学（Mem Univ Newfoundland）、不列颠哥伦比亚大学（Univ British Columbia）、戴尔豪斯大学（Dalhousie Univ）、隆德大学（Lund Univ）、博洛尼亚大学（Univ Bologna）、苏黎世联邦理工学院（ETH）、安特卫普大学（Univ Antwerp）以及阿尔托大学（Aalto Univ）。该合作群中的机构以欧洲的机构为主，同时也有加拿大的机构，表明欧洲的机构与加拿大的机构合作密切。

第 5 个合作群中的机构有中国科学院（Chinese Acad Sci）、挪威科技大学（Norwegian Univ Sci & Technol）、北京师范大学（Beijing Normal Univ）、奥斯陆大学（Univ Oslo）、河海大学（Hohai Univ）、里贾纳大学（Univ Regina）以及京都大学（Kyoto Univ）。该合作群中的机构主要来源于中国和挪威。

第 6 个合作群中的机构有多伦多大学（Univ Toronto）、麦吉尔大学（Mcgill Univ）、滑铁卢大学（Univ Waterloo）、麦克马斯特大学（Mcmaster Univ）、渥太华大学（Univ Ottawa）、德黑兰大学（Univ Tehran）以及伊斯兰阿扎德大学（Islamic Azad Univ）。该合作群主要以加拿大的机构为主，同时也有伊朗的两所大学。

2.4　作者的产出与合作

2.4.1　作者的产出分布

作者的论文量与被引频次的分布见图 2-13，作者的论文量与频数的关系见表 2-12。图和表显示出作者的论文量和被引频次之间的极度不平衡。在安全科学领域，仅有少数作者有较高的论文量，大多数作者的论文产出量处于较低的水平。高产作者形成了国际安全科学研究的主力。

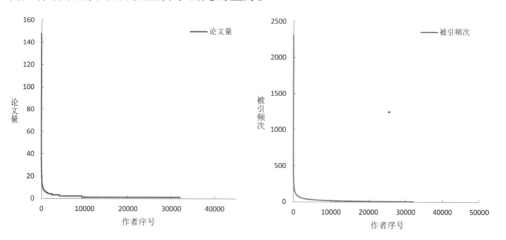

图 2-13　作者的论文量与被引频次分布

Fig. 2-13　Distribution of authors' publications output and citations

表 2-12　安全科学作者发表论文量及作者数量
Table 2-12　Publications output and frequencies of authors

编号	论文量	作者数量	编号	论文量	作者数量	编号	论文量	作者数量
1	1	31218	18	18	16	35	36	4
2	2	5172	19	19	10	36	38	1
3	3	1809	20	20	5	37	40	2
4	4	901	21	21	11	38	45	1
5	5	426	22	22	3	39	52	1
6	6	301	23	23	9	40	53	1
7	7	183	24	24	5	41	55	1
8	8	125	25	25	4	42	61	1
9	9	85	26	26	4	43	62	1
10	10	64	27	27	4	44	68	1
11	11	61	28	28	4	45	78	1
12	12	46	29	29	4	46	90	1
13	13	25	30	30	3	47	98	1
14	14	30	31	31	3	48	117	1
15	15	12	32	32	4	49	122	1
16	16	12	33	33	2	50	133	1
17	17	14	34	35	2	51	148	1

　　2008—2017 年，在安全科学领域发文超过 30 篇的高产作者见表 2-13。按照论文量可以把这些作者分为三组，分别为：发文量 100 篇以上的作者；发文量 50—100 篇的作者；发文量 30—49 篇的作者。

　　（1）发文量 100 篇以上的作者：Enrico Zio，是《可靠性工程与系统安全》的编委，论文主要发表在期刊《可靠性工程与系统安全》（81 篇）和《IEEE 可靠性汇刊》（26 篇），其研究方向为可靠性与风险分析；加拿大纽芬兰纪念大学的 Faisal Khan，担任《可靠性工程与系统安全》《工业过程损失预防》以及《过程安全与环境保护》（工业灾害与安全案例方向）的编委，论文主要发表在期刊《过程安全与环境保护》（49 篇）和《工业过程损失预防》（42 篇）；挪威斯塔万格大学的 Terje Aven，是《PIMEPO- 风险与可靠性》杂志的主编，也是《可靠性工程与系统安全》《风险研究》杂志的编委，还是《风险分析》杂志政策领域的编辑，论文主要发表在期刊《可靠性工程与系统安全》（63 篇）和《风险分析》（26 篇）；美国德州农工大学的 M. Sam Mannan，担任《工业过程损失预防》的编委，论文主要发表在《工业过程损失预防杂志》（98 篇）和《过程安全与环境保护》（10 篇）。

　　（2）发文量在 50—100 篇的作者：新泽西州立罗格斯大学的 Karen Lowrie，是《风险分析》杂志的编辑部主任，其文章都发表在《风险分析》杂志，且多为非研究性的编辑材料类论文，这反映了 Karen Lowrie 在风险分析领域的影响，特别是学术话语权方面；以色列电力公司（曾在电子科技大学任职）的 Gregory Levitin，担任期刊《可靠性工程与系统安全》的编委，其论文主要刊载在《可靠性工程与系统安全》（56 篇）和《IEEE 可靠性汇刊》（26 篇），以可靠性研究为主；新泽西州立罗格斯大学的 Michael Greenberg，作为《风险分析》的编委，其发表的文章也以非研究性的编辑材料类论文为主，并全部发表在《风险分析》杂志上；美国中佛罗里达大学的 Mohamed Abdel Aty，是《事故分析与预防》杂志的主编，其论文主要发表在期刊《事故分析与预防》（55 篇）和《安全研究》（8 篇），研究主题主要是交通安全；加拿大纽芬兰纪念大学的 Valerio Cozzani，是《工业过程损失预防杂志》的编委，发表的论文主要刊载在《可靠性工程与系统安全》（17 篇）和《工业过程损失预防》（18 篇）；电子科技大学的 Xing Liudong，论文主要发表在期刊《可靠性工程与系统安全》（30 篇）和《IEEE 可靠性汇刊》（23 篇）；加拿大达尔豪斯大学的 Paul Amyotte，是《工业过程损失预防杂志》的主编，其论文主要发表在《工业过程损失预防》（22 篇）和《过程安全与环境保护》（16 篇）；挪威交通经济研究所的 Rune Elvik，其论文主要发表在《事故分析与预防》（46 篇）和《安全科学》（7 篇）；荷兰代尔夫特理工大学安全科学系和比利时安特卫普大学的 Genserik Reniers，是《工业过程损失预防》的主编，《安全科学》的副主编，其论文主要发表在《工业过程损失预防》（20 篇）和《安全科学》（13 篇），研究方向是过程安全与风险分析。

（3）发文在 30—50 篇的作者：Primatech 公司的 Paul Baybutt，其论文主要发表在《过程安全进展》（29 篇）和《工业过程损失预防》（11 篇），研究方向为过程安全与风险；加拿大阿尔伯塔大学机械工程系的 Zuo Ming J.，论文主要发表在《可靠性工程与系统安全》（21 篇）和《IEEE 可靠性汇刊》（19 篇），研究领域为可靠性与风险分析；美国北卡罗来纳大学教堂山分校公共卫生学院、南非大学社会和健康科学研究所的 Shrikant I. Bangdiwala，是《国际伤害控制和安全促进》的主编，其文章以编辑材料为主，发表在期刊《国际伤害控制和安全促进》（36 篇），其研究涉及交通安全；密歇根大学的 Seth Guikema，目前担任期刊《风险分析》数学模型领域的编辑，其论文主要发表在期刊《风险分析》（24 篇）和《可靠性工程与系统安全》（11 篇）；加拿大里贾纳大学工程与应用科学学院的 Huang G. H.，是《随机环境研究与风险评估》的编委，发表的 36 篇论文全部来自该刊；美国德州农工大学土木工程系的 Dominique Lord，担任《事故分析与预防》的编委，论文主要刊登在《事故分析与预防》（26 篇）和《安全科学》（5 篇），研究方向为交通安全；苏黎世联邦理工学院的 Michael Siegrist，担任《风险研究》杂志的编委，也是《风险分析》杂志风险感知领域的编辑，其研究成果主要发表在《风险分析》（20 篇）和《风险研究》（14 篇），研究方向为风险感知与沟通。

表 2-13　安全科学领域的高产作者

Table 2-13　High productive authors of safety science research

序号	作者全称	国家	论文量	被引频数	H1	H2	研究方向	是否编委
1	Enrico Zio	法国	148	2314	12	25	可靠性、风险	是
2	Faisal Khan	加拿大	133	1736	14	23	安全与风险评估	是
3	Terje Aven	挪威	122	2153	17	28	可靠性、风险	是
4	M. Sam Mannan	美国	117	880	10	16	化工过程安全	是
5	Karen Lowrie	美国	98	50	2	3	风险分析	是
6	Gregory Levitin	以色列	90	1036	12	18	可靠性分析	是
7	Michael Greenberg	美国	78	153	3	4	风险分析	是
8	Mohamed Abdel Aty	美国	68	1335	12	20	交通安全	是
9	Valerio Cozzani	意大利	62	853	13	16	过程工业安全	是
10	Xing Liudong	中国 /美国	61	720	11	16	可靠性分析	否
11	Paul Amyotte	加拿大	55	1106	13	16	工业过程安全	是
12	Rune Elvik	挪威	53	745	10	14	交通安全	否
13	Genserik Reniers	荷兰 /比利时	52	290	7	10	过程安全与风险	是
14	Tony Cox	英国	45	2	1	2	风险分析	是
15	Paul Baybutt	美国	40	122	5	6	过程安全与风险	否
16	Zuo Ming J.	中国	40	806	10	18	可靠性与风险	是
17	Shrikant I. Bangdiwala	美国	38	39	2	4	伤害与安全研究	是
18	Seth Guikema	美国	36	451	7	12	风险与可靠性模型	是
19	G. H. Huang	加拿大	36	498	6	15	环境风险与决策	是
20	Dominique Lord	美国	36	869	10	14	交通安全	是
21	Michael Siegrist	瑞士	36	547	7	14	风险感知与沟通	是

注：作者的研究方向主要根据作者发文的期刊来判断。

2.4.2　作者的合作分析

　　安全科学高产作者的合作网络见图 2-14。在合作网络中，节点的大小表示作者发表论文的数量，节点之间的连线表示作者之间的合作关系。节点的颜色从蓝色向红色过渡，颜色越接近红色，表明作者发表论文的平均时间距离当前时间越近。结果显示，Zhang Mingguang、Vikram Garaniya、Nicola Pedroni、Jaeyoung Lee、Ni Lei、Kang Rui、Wang Zhirong、Wang Kai、Genserik Reniers 以及 Floris Goerlandt 等作者在网络中发文的平均时间都比较新近，是当前国际安全科学领域较为活跃的学者。

图 2-14 安全科学高产作者的合作网络

Fig. 2-14 Collaboration network between high productive authors

在作者合作网络中，与网络中其他作者的合作数量大于等于 10 的作者有 Enrico Zio（18）、Zuo Ming J.（18）、Gregory Levitin（17）、Faisal Khan（16）、Valerio Cozzani（15）、Genserik Reniers（13）、Xing Liudong（12）、Xie Min（12）、Terje Aven（12）、Gabriele Landucci（11）、Paul Amyotte（11）、Nicola Paltrinieri（10）、Alessandro Tugnoli（10）以及 Gigliola Spadoni（10），反映了这些作者广泛地合作参与了安全科学的研究。在合作网络中，根据作者合作论文的数量提取的十大合作关系为：Michael Greenberg—Karen Lowrie（57）、Faisal Khan—Paul Amyotte（43）、Karen Lowrie—Tony Cox（41）、Gregory Levitin—Xing Liudong（37）、Gregory Levitin—Dai Yuanshun（31）、Enrico Zio—Piero Baraldi（27）、Xing Liudong—Dai Yuanshun（26）、Kjell Hausken—Gregory Levitin（22）、Valerio Cozzani—Gabriele Landucci（20）、Li Yanfeng—Huang Hongzhong（20），这些作者的合作构成了安全科学领域作者层面的核心合作关系。

进一步对作者合作网络进行聚类，按照合作的强度将安全科学学者划分到不同的聚类中，见图 2-15。聚类 1# 包含的核心作者有 Karen Lowrie、Michael Greenberg、Mohamed Abdel Aty、Tony Cox、Seth Guikema、Dominique Lord、Michael Siegrist 以及 Huang Helai，主要是风险分析与研究方面的专家；聚类 2# 中主要包含 Gregory Levitin、Xing Liudong、Zuo Ming J.、Dai Yuanshun、Narayanaswamy Balakrishnan、Huang Hongzhong、Serkan Eryilmaz 以及 Lu Zhenzhou 等作者，是可靠性与系统安全分析方面的专家；聚类 3# 中的作者有

Faisal Khan、M. Sam Mannan、Valerio Cozzani、Paul Amyotte、Genserik Reniers、Jiang Juncheng 以及 Nima Khakzad，是化工过程安全、风险方面的专家；聚类 4# 中的作者有 Enrico Zio、Terje Aven 以及 Shi Peijun，是风险分析与评估研究方面的专家。

图 2—15　安全科学合作高产作者网络聚类

Fig. 2—15　Clusters of Collaboration network between high productive authors

2.5　本章小结

　　本章对数据的时间趋势，期刊的时序分布和产出，以及国家 / 地区、机构、作者的产出和合作进行了分析。结果显示：2008—2017 年国际安全科学研究的产出呈稳步增长的趋势，论文从 2008 年的 1384 篇，增长到了 2017 年的 2730 篇，增长近两倍。无论是总产出还是年度产出，期刊 *AAP*、*JLPPI*、*RA*、*SS* 以及 *SERRA* 的产量都要显著高于其他期刊，这些期刊是安全科学知识产出的主要期刊。

　　整体数据的论文合作分析显示，安全科学领域的最佳合作规模在作者层次上为 2—3 人，国家 / 地区、机构合作的最佳规模是 1 个。安全科学的年度合作趋势是上升的，合作能促进论文产出，并有助于提升论文的整体影响力。对国家 / 地区的产出分析得到，美国、中国、英格兰、澳大利亚以及加拿大是国际安全科学的主要产出国家。我国 2008—2017 年安全科学研究产出增长明显，成为仅次于美国论文产出的国家。在合作上，美国、英格兰、法国、加拿大以及中国在合作网络中具有广泛的合作关系，在合作网络中处于重要地位。在合作关系最强的十大关系中，有 9 对合作关系是在中国、美国、加拿大、澳大利亚、韩国和英格兰之间建立的。对机构的产出分析得出，美国德州农工大学、荷兰代尔夫特理工大学、挪威斯塔万格大学、澳大利亚莫纳什大学以及意大利米兰理工大学是国际上安全论文产出的核心机构。近年来，我国的中国科学院和清华大学在国际安全论文的产出上表现突出。在合作关系上，德州农工大学、香港城市大学、代尔夫特理工大学、哈佛大学以及莫纳什大学与其他机构有广泛的合作关系。对作者的产出分析得到，Enrico Zio、Faisal Khan、Terje Aven、M. Sam Mannan 以及 Karen Lowrie 是较为活跃的学者，Enrico Zio、Zuo Ming J.、Gregory Levitin、Faisal Khan 以及 Valerio Cozzani 与其他学者建立了广泛的合作关系。对国家／地区、机构以及作者的合作网络进行分析，通过网络的聚类得到了若干合作社团，组成了安全科学研究的核心研究群落和领域。

03

第三章

安全科学热点主题学术地图

3.1 主题的整体分布

在宏观层面上，安全科学的研究主题可以用发表安全科学论文的专业期刊来表征。在微观层面上，一方面可以采用自然语言处理过程（nature language processing），从这些期刊论文的标题、摘要以及关键词中提取表征论文主题的术语来分析和研究主题；另一方面，作者在撰写论文的过程中所选定的关键词是对论文主题的高度概括，因此对作者提供的关键词进行分析亦可以表征论文所涉及的核心主题。相比而言，通过自然语言处理后的主题挖掘结果能更加清晰地表征领域的结构，使用关键词所分析的结果能更加直观地了解领域的研究内容。

采用自然语言处理过程的方法，从 23 种安全科学期刊论文的标题和摘要中识别了 265809 个主题，筛选了出现频次大于等于 15 次的主题构建共词网络并聚类，最终得到 2836 个安全科学主题，主题分布见图 3-1。图中节点和标签的大小与词频成正比，词频代表出现该主题的论文数量（即词频等于论文数）。

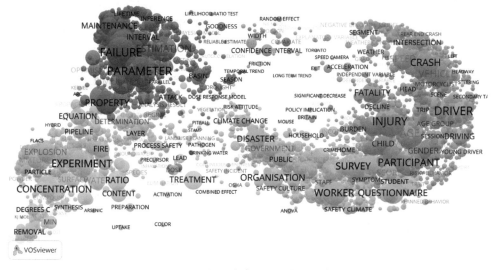

图 3-1　安全科学主题的聚类分布

Fig. 3-1　Clustering of safety science terms

主题聚类图分为左右两大模块，左侧的模块偏重工业层面的安全问题，右侧的模块偏重社会经济管理方面的安全问题。在所提取的 2836 个安全科学主题中，出现频次超过 500 次的主题见表 3-1。这些高频主题反映了世界安全科学的研究热点，其中交通安全、失误分析、可靠性等是安全科学研究的主要关注点。数理分析（不确定性、仿真、估计、算法等）、实验以及调查、访谈研究等是安全科学研究中常用的基本方法。

表 3-1 安全科学高频主题词

Table 3-1 High frequency terms of safety science research

编号	主题词	中文	频次	平均年份	平均引用次数	所属聚类
1	Driver	司机	1656	2013.032	11.74	3
2	Parameter	参数	1592	2013.368	9.731	1
3	Failure	失误	1442	2013.157	10.235	1
4	Component	组件	1385	2013.264	10.589	1
5	Injury	伤害	1371	2012.797	9.845	5
6	Reliability	可靠性	1251	2013.04	11.094	1
7	Age	年龄	1218	2012.864	11.25	5
8	Experiment	实验	1116	2013.619	7.297	4
9	Participant	参与者	1080	2013.34	8.905	3
10	Crash	撞车	985	2013.154	12.197	3
11	Survey	调查	984	2013.135	10.618	2
12	Estimation	估计	964	2013.183	10.274	1
13	Vehicle	车辆	939	2012.96	11.416	3
14	Simulation	仿真	918	2013.459	8.552	1
15	Worker	工人	880	2013.232	7.673	2
16	Concentration	浓度	868	2013.825	7.282	6
17	Algorithm	算法	831	2013.217	10.704	1
18	Intervention	干预	819	2013.192	8.949	2
19	Property	性能	818	2013.286	8.934	1
20	Perception	感知	801	2013.101	11	2
21	Speed	速度	696	2013.606	10.328	3
22	Organization	组织	695	2013.163	9.174	2

（续表）

编号	主题词	中文	频次	平均年份	平均引用次数	所属聚类
23	Questionnaire	问卷	690	2013.128	8.73	2
24	Road	道路	685	2013.102	11.657	3
25	Temperature	温度	676	2013.956	6.978	6
26	Efficiency	效率	660	2013.811	8.282	1
27	Ratio	比率	616	2013.529	6.88	6
28	Self	自我	606	2012.97	10.512	2
29	Fatality	死亡	602	2013.057	10.874	5
30	Pressure	压力	600	2013.373	7.65	4
31	Disaster	灾害	592	2014.502	5.767	2
32	Explosion	爆炸	552	2013.486	6.658	4
33	Death	死亡	546	2012.711	9.722	5
34	Association	关联	545	2013.057	9.521	5
35	Treatment	处理	543	2013.759	9.026	6
36	Attitude	态度	531	2012.721	11.731	2
37	Interview	访谈	525	2013.453	7.518	2
38	Maintenance	维护	508	2013.297	12.35	1

注：平均年份表示某个主题在所采集的数据中出现年份的平均数。

48

　　安全科学主题在聚类分布图中的距离，反映了安全科学主题之间的相似程度。语义相似的两个主题在聚类分布图中的距离也更近，由此主题在空间上聚集成大大小小的类别。在本研究中，使用 VOS 聚类算法，对得到的主题共现网络进行聚类的划分。为了使得到的聚类更加清晰和具有代表性，将每一类中包含的主题的最小值设置为 100，从而使小聚类被临近的大聚类合并。经过聚类后，节点被分配到不同的聚类中，并用不同的颜色来表示不同的聚类。从分析的结果得知，安全科学的研究可以分为六个主要的研究领域，分别为：聚类 1# 可靠性与定量建模分析；聚类 2# 职业安全与灾害风险管理；聚类 3# 道路交通安全；聚类 4# 火灾、爆炸与过程安全；聚类 5# 伤害与统计分析；聚类 6# 有害物质处理。安全科学研究主题各聚类高频主题词详见表 3-2，表中列出了各聚类中频次排名前 50 的主题。

表3-2 安全科学研究主题各聚类高频主题词（Top 50）

Table 3-2 High frequency terms of safety science research in each cluster

聚类 1# 可靠性与定量建模分析	聚类 2# 职业安全与灾害风险管理	聚类 3# 道路交通安全	聚类 4# 火灾、爆炸与过程安全	聚类 5# 伤害与统计分析	聚类 6# 有害物质处理
Parameter	Survey	Driver	Experiment	Injury	Concentration
Failure	Worker	Participant	Pressure	Age	Temperature
Component	Intervention	Crash	Explosion	Fatality	Ratio
Reliability	Perception	Vehicle	Fire	Death	Treatment
Estimation	Organization	Speed	Equation	Association	Water
Simulation	Questionnaire	Road	Flow	Risk Factor	Content
Algorithm	Self	Collision	Gas	Child	Reaction
Property	Disaster	Driving	Release	Month	Surface
Efficiency	Attitude	Traffic	Mixture	Gender	Removal
Maintenance	Interview	Pedestrian	Energy	Logistic Regression	Min
Calculation	Risk Perception	Car	Determination	Australia	Characterization
Availability	Score	Intersection	Velocity	Proportion	Degrees C
Constraint	Employee	Violation	Vessel	Prevalence	Reactor
Sensitivity Analysis	Education	Road Safety	Pipeline	Male	Dose
Monte Carlo Method	Awareness	Simulator	Air	Alcohol	Waste
Dependence	Predictor	Countermeasure	Experimental Data	Hour	Yield
Degradation	Respondent	Crash Data	Layer	Hospital	Wastewater
Interval	Government	Lane	Experimental Result	Significant Difference	Adsorption

（续表）

聚类 1# 可靠性与定量建模分析	聚类 2# 职业安全与灾害风险管理	聚类 3# 道路交通安全	聚类 4# 火灾、爆炸与过程安全	聚类 5# 伤害与统计分析	聚类 6# 有害物质处理
Numerical Example	Public	Current Study	Emission	Incidence	Loading
Coefficient	Workplace	Week	Dispersion	Mortality	Reaction Time
Optimisation	Stakeholder	Crash Risk	Quantitative Risk Assessment	Patient	Synthesis
Inspection	Responsibility	Road User	Storage	Man	Kinetic
Reliability Analysis	Woman	Injury Severity	Formation	Female	Lead
Sequence	Involvement	Speed Limit	Particle	Passenger	Acid
Quantification	Culture	Older Driver	Propagation	Confidence Interval	Species
Power Plant	Resilience Engineering	Enforcement	Diameter	Adult	Preparation
Systems	Skill	Fit	Experimental Study	Age Group	Compound
Approximation	Climate Change	Segment	Phenomena	Half	Soil
Attack	Flood	Traffic Safety	Flame	Burden	Aqueous Solution
System Reliability	Care	Roadway	Ignition	Head	Cell
Moment	Intention	Sign	Shape	Victim	Sem
Matrix	Trust	Trip	Process Safety	Fall	Pollutant
Model Parameter	Initiative	Decline	Process Industry	Cyclist	Oxidation
Basin	Occupational Safety	Traffic Accident	Composition	Motor Vehicle Crash	Removal Efficiency
Estimator	Student	Highway	Geometry	Parent	Mg L
Complex System	Risk Communication	Young Driver	Substance	Percent	Metal

（续表）

聚类 1# 可靠性与 定量建模分析	聚类 2# 职业安全与 灾害风险管理	聚类 3# 道路交通安全	聚类 4# 火灾、爆炸与 过程安全	聚类 5# 伤害与统计分析	聚类 6# 有害物质处理
Inference	Resident	Truck	Fraction	Year Period	Ion
Lifetime	Professional	Weather	Regime	Motorcyclist	Adsorbent
Fault Tree	Health Risk	Driver Behavior	Dust	Drug	Contaminant
Simulation Study	Participation	Motorcycle	Fuel	Injury Risk	Conversion
Maximum Likelihood Method	Occupational Health	Distraction	Numerical Simulation	Motor Vehicle	Equilibrium
New Method	Message	Night	Mass	Occupant	Extraction
Bayesian Network	Safety Culture	Crossing	Mathematical Model	Police	X Ray Diffraction
Probability Distribution Function	Determinant	Session	Heat	Odd	Catalyst
Computation	Income	Baseline	Discharge	Cross Sectional Analysis	Diffusion
Precipitation	Natural Disaster	Control Group	Computational Fluid Dynamic	Demographic Characteristic	Chemical Oxygen Demand
Simulation Result	Actor	Negative Binomial Model	Liquid	Sex	Correlation Coefficient
Decomposition	School	Impairment	Tank	Helmet	Carbon
Node	Campaign	Traffic Crash	Peak	Acceleration	Toxicity
Repair	Debate	License	Obstacle	Serious Injury	Surface Area

3.2 主题的影响力与时间特征

3.2.1 主题的影响力分析

主题是从施引文献的标题、摘要和关键词中提取的，使用逻辑计数方法对主题词进行计数，则主题的频次等于论文数。每一个主题对应的论文都会有被引次数，可以将被引次数计算在主题上，来表征某一类研究主题的引证情况（即可以来探究哪些主题的研究论文会获取更高的平均引证次数）。安全科学研究主题的影响分布见图 3-2。从整体上看，安全科学高影响力的主题分布在"聚类 3# 道路交通安全"和"聚类 5# 伤害与统计分析"。从主题的整体影响力分布来看，索博尔指数（Sobol Index）、连锁故障（Cascading Failure）、路段（Roadway Segment）、华盛顿州（Washington State）、随机参数（Random Parameter）、核废料（Nuclear Waste）、代理模型（Surrogate Model）、NB 模型（NB Model）、敏感性测量（Sensitivity Measure）、事故严重性（Accident Severity）、证据理论（Evidence Theory）、贝叶斯分层模型（Bayesian Hierarchical Model）以及混合 Logit 模型（mixed Logit Model）等主题的平均影响力位于所有主题的前列，且主要来源于聚类 1# 和聚类 3#。

对各个聚类中高影响力的主题进行筛选，结果如下：

（1）"聚类 1# 可靠性与定量建模分析"中高影响力的主题有索博尔指数（Sobol Index）、连锁故障（Cascading Failure）、代理模型（Surrogate Model）、敏感性测量（Sensitivity Measure）、证据理论（Evidence Theory）、敏感性指数（Sensitivity Index）、时间变异（Temporal Variability）以及发生函数（UGF）；

（2）"聚类 2# 职业安全与灾害风险管理"中高影响力的主题有核废料（Nuclear Waste）、保护行动（Protective Action）、公众参与（Public Engagement）、洪水风险管理（Flood Risk Management）、未来方向（Future Direction）、重要的决定因素（Important Determinant）、心理因素（Psychological Factor）、风险概念（Risk Concept）、新挑战（New Challenge）、人的因素分析（Human Factors Analysis）、负相关（Negative Relationship）以及计划行为理论（TPB）；

（3）"聚类 3# 道路交通安全"中高影响力的主题有路段（Roadway Segment）、华盛顿州（Washington State）、随机参数（Random Parameter）、NB 模型（NB Model）、事故严重性（Accident Severity）、计数数据（Count Data）、贝叶斯分层模型（Bayesian Hierarchical Model）、混合 Logit 模型（Mixed Logit Model）、道路特征（Roadway Characteristic）、碰撞伤害严重（Crash Injury Severity）、伤害事故（Injury Accident）以及电话（Phone）；

（4）"聚类 4# 火灾、爆炸与过程安全"中高影响力的主题有事故前兆

（Accident Precursor）、实验证据（Experimental Evidence）、过程系统（Process System）、严重损害（Severe Damage）、实验观测（Experimental Observation）、事故场景（Accidental Scenario）、岩石（Rock）、处理单元（Process Unit）、化石燃料（Fossil Fuel）、安全屏障（Safety Barrier）以及疏散时间（Evacuation Time）；

（5）"聚类 5# 伤害与统计分析"中高影响力的主题有冲击速度（Impact Speed）、法律限制（Legal Limit）、生命年（Life Year）、摩托车手（Motorcycle Rider）、疾控中心（CDC）、元分析（Meta-Analysis）、行人伤害（Pedestrian Injury）、代表性样本（Representative Sample）以及伤害结果（Injury Outcome）；

（6）"聚类 6# 有害物质处理"中高影响力的主题有生物柴油（Biodiesel）、生物柴油生产（Biodiesel Production）、臭氧（Ozone）、饮用水（Drinking Water）、潜在用途（Potential Use）、人的健康风险评估（Human Health Risk Assessment）、废水处理（Wastewater Treatment）、初始染料浓度（Initial Dye Concentration）、剂量反应关系（Dose Response Relationship）以及甲醇（Methanol）。

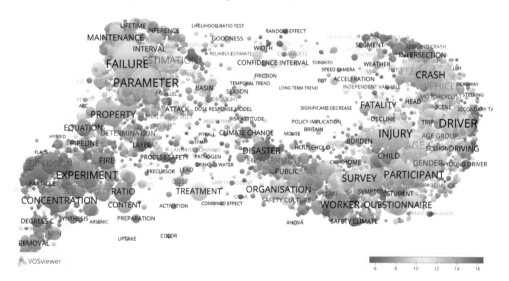

图 3-2　安全科学研究主题的影响力分布

Fig. 3-2　Distribution of high impact terms of safety science research

3.2.2　主题的时间特征

（1）新兴主题地图

在主题聚类图的基础上计算每一个主题出现的平均时间，并用该指标来表征主题在该时间段内的新颖性，考察时间段内的新兴主题。平均时间越接

近当前时间，则主题的颜色越接近红色。安全科学研究新兴主题的分布见图
3-3。从整个安全科学主题分布的平均时间来看，"聚类 6# 有害物质处理"
的主题距离当前时间时间最近，在整个安全科学领域中的新颖性最高，"聚
类 2# 职业安全与灾害风险管理"也有大量主题具有高的新颖性。分别对各
个聚类中的新兴主题进行分析，研究结果显示："聚类 1# 可靠性与定量建模
分析"中的新兴主题主要有使用寿命预测（Useful Life Prediction）、系统弹
性（System Resilience）、冗余分配问题（RAP）、区域范围（Regional Scale）、
固有不确定性（Inherent Uncertainty）、恒应力（Constant Stress）、实用系统
（Practical System）、分类（Classifier）、动态贝叶斯网络（Dynamic Bayesian
Network）、最佳数量（Optimal Number）以及结构可靠性分析（Structural
Reliability Analysis）；"聚类 2# 职业安全与灾害风险管理"中的新兴主题
有社会媒体（Social Medium）、Sendai 框架（Sendai Framework）、灾害弹性
（Disaster Resilience）、极端天气事件（Extreme Weather Event）、东日本大
地震（Great East Japan Earthquake）、社区弹性（Community Resilience）、地
方政府（Local Government）、适应气候变化（Climate Change Adaptation）、
核事故（Nuclear Accident）、灾害响应（Disaster Response）、备灾（Disaster
Preparedness）以及灾害减少（Disaster Risk Reduction）。"聚类 3# 道路
交通安全"中的新兴研究主题有智能手机（Smartphone）、代理安全措施
（Surrogate Safety Measure）、交通分析区（TAZ, Traffic Analysis Zone）、高
速路安全手册（Highway Safety Manual）、发短信（Texting）、碰撞修正因子
（Crash Modification Factor）、Probit 模型（Probit）、车道宽度（Lane Width）、
险肇碰撞（Near Crash）、高速公路（Expressway）、高保真度（High Fidelity）、
路网（Road Network）以及自然驾驶研究（Naturalistic Driving Study）；"聚
类 4# 火灾、爆炸与过程安全"中的新兴主题有热辐射（Thermal Radiation）、
最小爆炸浓度（MEC, Minimum Explosible Concentration）、高浓度（Higher
Concentration）、低浓度（Low Concentration）、当量比（Equivalence Ratio）、
峰值超压（Peak Overpressure）、瓦斯爆炸（Methane Air Explosion）、最大
爆炸压力（P-Max, Maximum Explosion Pressure）、潜在事故（Potential
Accident）、最大压力上升速率（DP / DT, Maximum Rate of Pressure Rise）
以及爆炸事故（Explosion Accident）等；"聚类 5# 伤害与统计分析"中的新
兴主题有骑行安全（Cycling Safety）、自行车事故（Bicycle Crash）、德黑兰
（Tehran）、人口统计学特征（Sociodemographic Characteristic）、保护效应
（Protective Effect）、骑行（Cycling）、骑行（Bicycling）、自行车（Bicycle）、
高危人群（High Risk Group）、骑行者（Cyclist）、小孩（Children）、体力活
动（Physical Activity）、潜在的干扰因素（Potential Confounder）以及肌肉

骨骼损伤（Musculoskeletal Injury）；"聚类 6# 有害物质处理"的新兴主题有弗伦德利希（Freundlich）、中心组合设计（Central Composite Design）、傅里叶变换红外光谱（FT-IR，Fourier Transform Infrared Spectroscopy）、朗缪尔（Langmuir）、吸附剂剂量（Adsorbent Dosage）、吸附动力学（Adsorption Kinetic）、吸附过程（Adsorption Process）、电子色散 X 射线光谱（EDX）、等温线（Isotherm）、吸附剂量（Adsorbent Dose）、初始浓度（Initial Concentration）以及吸附能力（Adsorption Capacity）等。

图 3-3　安全科学研究新兴主题的分布

Fig. 3-3　Distribution of emerging terms of safety science research

在新兴主题分布图中，如果主题所属论文的发表时间距离当前时间越近，且发表以后具有较高的平均引用次数，那么该主题是专业领域内近期的前沿主题。从整体上来看，代理模型（Surrogate Model）、驾驶员严重伤害程度（Driver Injury Severity）、基于状态的维护（CBM）、维纳过程（Wiener Process）、剩余的使用寿命（RUL）、系统弹性（System Resilience）、退化模型（Degradation Model）、生物柴油生产（Biodiesel Production）、使用寿命（Useful Life）、未观测到的异质性（Unobserved Heterogeneity）、气候变异性（Climate Variability）以及司机行为（Drivers Behavior）等主题不仅平均时间距离当前时间近，而且平均影响力也高，反映了这些主题的前沿热点性。

（2）高影响力新兴主题

进一步对各个聚类中的高影响力主题和新兴主题进行分析，得出："聚类 1# 可靠性与定量建模分析"的高影响力新兴主题有代理模型（Surrogate Model）、基于状态的维护（CBM）、维纳过程（Wiener Process）、生物使用寿命（RUL）以及系统弹性（System Resilience）；"聚类 2# 职业安全与灾害风险管理"的高影响力新兴主题有气候变异性（Climate Variability）、免疫（Immunity）、洪水灾害（Flood Hazard）、社会脆弱性（Social Vulnerability）、洪水事件（Flood Event）、安全科学（Safety Science）、自然灾害（Natural Hazard）以及适应能力（Adaptive Capacity）；"聚类 3# 道路交通安全"的高影响力新兴主题有驾驶员伤害严重程度（Driver Injury Severity）、为观测到的异质性（Unobserved Heterogeneity）、驾驶员行为（Drivers Behavior）、水平曲线（Horizontal Curves）、乡村公路（Lane Rural Road）、发短信（Texting）、交叉路口安全（Intersection Safety）以及交通数据（Traffic Data）；"聚类 4# 火灾、爆炸与过程安全"的高影响力新兴主题有灾难性事故（Catastrophic Accident）、多米诺效应（Domino Effect）、录影机（Video Camera）、甲烷空气混合物（Methane Air Mixture）、湿度（Humidity）以及说明性的案例研究（Illustrative Case Study）；"聚类 5# 伤害与统计分析"的高影响力新兴主题有骑行（Cycling）、自行车相撞（Bicycle Crash）、骑行者（Cyclist）、自行车（Bicycle）、人口学特征（Sociodemographic Characteristic）、骑行（Bicycling）以及骑行安全（Cycling Safety）；"聚类 6# 有害物质处理"的高影响力新兴主题有生物柴油生产（Biodiesel Production）、臭氧（Ozone）、潜在用途（Potential Use）、废水处理（Wastewater Treatment）、初始染料浓度（Initial Dye Concentration）、预处理（Pretreatment）、二阶模型（Second Order Model）、最佳性能（Best Performance）以及剂量（Dosage）。

（3）主题时序图

主题时序图主要分析主题在时间维度上的序列情况。按照两年一个时间切片提取样本期刊数据并对主题进行分析。得到了 2008—2017 年 5 个时间段（2008—2009 年，共 2898 篇论文；2010—2011 年，共 3129 篇论文；2012—2013 年，共 4249 篇论文；2014—2015 年，共 4726 篇论文；2016—2017 年，共 5410 篇论文）的安全科学研究热点主题聚类图，结果见图 3-4 至图 3-8。各聚类中的高频主题见表 3-3 至表 3-7。通过分析，发现国际安全科学研究核心主题的聚类是稳定的，主要集中在四大领域，分别为"交通安全""可靠性与风险分析""职业安全与风险管理"以及"爆炸、火灾与过程安全"。

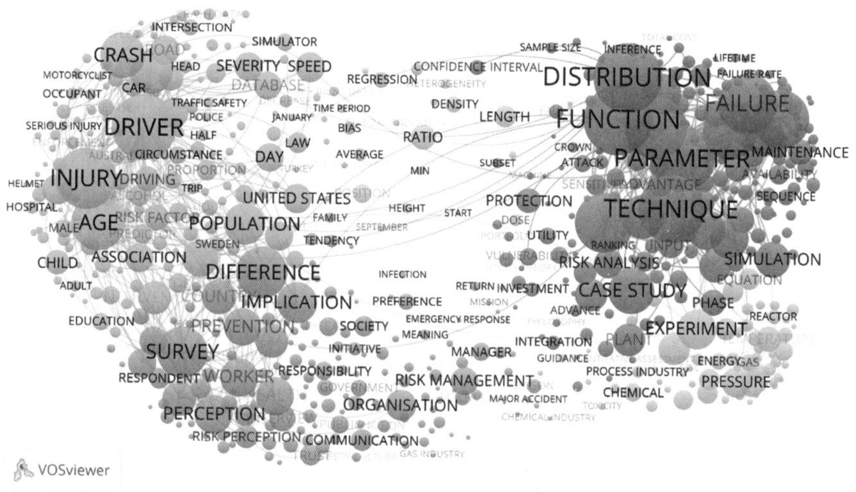

图 3-4　2008—2009 年安全科学主题聚类
Fig. 3-4　Clustering of safety science terms（2008—2009）

表 3-3　2008—2009 年安全科学研究各聚类高频主题
Table 3-3　High frequency terms of safety science research in each cluster（2008—2009）

聚类名称	主题词（频次）
聚类 1# 可靠性与风险分析	Distribution（263）、Function（262）、Technique（250）、Parameter（246）、Probability（229）、Failure（218）、Uncertainty（216）、Reliability（212）、Component（201）、Case Study（156）、Set（147）、Algorithm（139）、Estimation（134）、Solution（132）、Property（131）、Simulation（115）、Prediction（106）、Plant（102）、Requirement（101）、Risk Analysis（89）。
聚类 2# 交通安全	Driver（240）、Injury（223）、Age（196）、Crash（152）、Vehicle（145）、Population（137）、Participant（117）、Intervention（104）、Death（93）、Speed（93）、Fatality（92）、Road（91）、United States（90）、Day（88）、Present Study（87）、Association（86）、Severity（86）、Database（85）、Risk Factor（76）、Driving（72）。
聚类 3# 职业安全与风险管理	Difference（179）、Survey（178）、Implication（138）、Perception（126）、Worker（125）、Health（124）、Prevention（122）、Country（111）、Attitude（107）、Individual（105）、Organisation（96）、Self（88）、Questionnaire
聚类 3# 职业安全与风险管理	（87）、Risk Management（84）、Interview（78）、Risk Perception（70）、Communication（64）、Employee（62）、Trust（62）、Society（59）。
聚类 4# 爆炸、火灾与过程安全	Experiment（131）、Concentration（100）、Pressure（92）、Ratio（76）、Temperature（76）、Explosion（71）、Water（65）、Length（63）、Fire（61）、Flow（61）、Release（61）、Equation（60）、Reaction（56）、Position（54）、Mixture（53）、Chemical（51）、Vessel（49）、Energy（46）、Density（44）、Gas（44）。

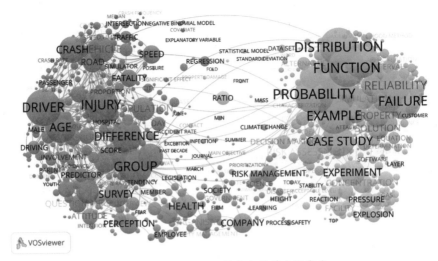

图 3-5　2010—2011 年安全科学主题聚类
Fig. 3-5　Clustering of safety science terms（2010—2011）

表 3-4　2010—2011 年安全科学研究各聚类高频主题
Table 3-4　High frequency terms of safety science research in each cluster（2010—2011）

聚类名称	主题（词频）
聚类1# 交通安全	Driver（271）、Injury（264）、Group（261）、Difference（229）、Age（220）、Crash（181）、Vehicle（178）、Sample（176）、Participant（158）、Population（157）、Intervention（148）、Road（127）、Speed（114）、Questionnaire（110）、Fatality（109）、Self（104）、Association（102）、Death（100）、Child（97）、Day（86）。
聚类2# 可靠性与风险分析	Probability（302）、Function（293）、Distribution（285）、Example（267）、Failure（265）、Uncertainty（257）、Parameter（256）、Component（223）、Reliability（221）、Case Study（215）、Estimation（169）、Risk Assessment（161）、Property（155）、Prediction（147）、Set（147）、Solution（138）、Network（135）、Simulation（135）、Algorithm（128）、Modeling（127）、Assumption（122）、Risk Analysis（106）、Efficiency（104）、Maintenance（90）。
聚类3# 职业安全与风险管理	Survey（172）、Health（155）、Perception（129）、Company（127）、Worker（126）、Organization（108）、Risk Management（105）、Attitude（100）、Communication（81）、Interview（78）、Training（78）、Expert（75）、Risk Perception（74）、Science（66）、Society（65）、Respondent（63）、Government（57）、Employee（52）、Belief（49）、Health Risk（46）。
聚类4# 爆炸、火灾与过程安全	Experiment（172）、Concentration（124）、Plant（93）、Temperature（91）、Pressure（90）、Explosion（88）、Facility（88）、Damage（84）、Ratio（82）、Release（77）、Fire（65）、Gas（54）、Mixture（51）、Reaction（48）、Quantity（46）、Vessel（46）、Air（45）、Chemical（45）、Layer（44）、Software（43）、Surface（43）。

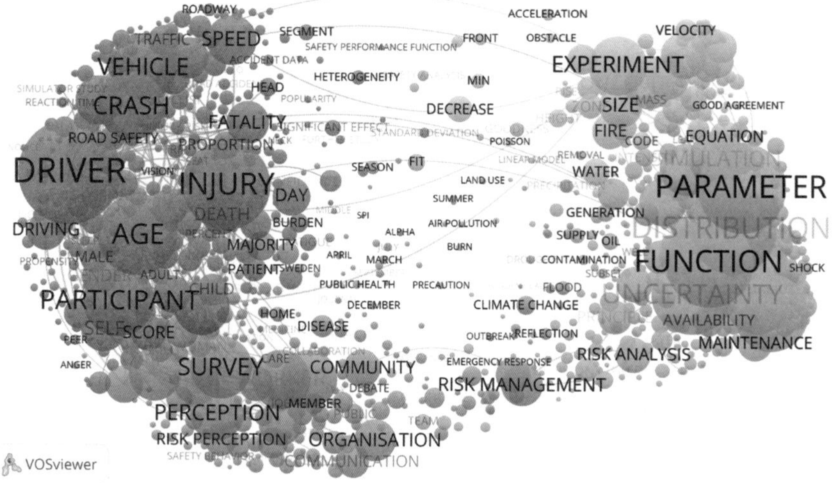

图 3-6 2012—2013 年安全科学主题聚类
Fig. 3-6 Clustering of safety science terms（2012—2013）

表 3-5 2012—2013 年安全科学研究各聚类高频主题
Table 3-5 High frequency terms of safety science research in each cluster（2012—2013）

聚类名称	主题（频次）
聚类 1# 交通安全	Driver（428）、Injury（347）、Age（311）、Participant（270）、Crash（252）、Vehicle（239）、Intervention（197）、Speed（168）、Road（165）、Self（151）、Fatality（138）、Collision（132）、Death（126）、Day（124）、Driving（124）、Association（120）、Risk Factor（118）、Gender（114）、Score（114）、Pedestrian（103）。
聚类 2# 可靠性与风险分析	Parameter（362）、Function（353）、Distribution（352）、Uncertainty（311）、Failure（294）、Reliability（248）、Estimation（209）、Simulation（199）、Prediction（179）、Algorithm（173）、Property（158）、Accuracy（141）、Efficiency（135）、Advantage（121）、Plant（113）、Risk Analysis（112）、Maintenance（110）、Input（104）、Principle（103）、Calculation（97）。
聚类 3# 职业安全与风险管理	Survey（226）、Worker（209）、Health（203）、Perception（191）、Questionnaire（182）、Individual（156）、Interview（142）、Risk Management（140）、Organization（139）、Attitude（121）、Community（119）、Disaster（111）、Awareness（104）、Education（104）、Risk Perception（102）、Communication（99）、Employee（96）、Majority（86）、Respondent（78）、Culture（67）。
聚类 4# 爆炸、火灾与过程安全	Experiment（209）、Concentration（170）、Pressure（155）、Size（144）、Emperature（138）、Fire（114）、Explosion（109）、Mixture（97）、Equation（94）、Length（91）、Water（80）、Decrease（79）、Energy（79）、Reaction（78）、Flow（77）、Gas（77）、Zone（73）、Release（69）、Surface（66）、Determination（63）、Velocity（63）。

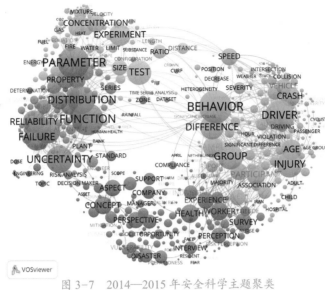

图 3-7　2014—2015 年安全科学主题聚类

Fig. 3-7　Clustering of safety science terms（2014—2015）

表 3-6　2014—2015 年安全科学研究各聚类高频主题

Table 3-6　High frequency terms of safety science research in each cluster（2014—2015）

聚类名称	主题（频次）
聚类 1# 安全、健康与风险管理	Health（244）、Worker（243）、Survey（234）、Concept（232）、Experience（225）、Perspective（220）、Aspect（216）、Perception（203）、Individual（184）、Organization（182）、Disaster（180）、Regulation（169）、Interview（168）、Community（167）、Company（164）、Risk Management（156）、Support（156）、Training（152）、Planning（135）、Sector（135）、Vulnerability（135）。
聚类 2# 交通安全	Behavior（477）、Driver（424）、Group（356）、Injury（353）、Difference（329）、Age（283）、Sample（282）、Crash（270）、Participant（260）、Population（229）、Speed（226）、Intervention（212）、Vehicle（210）、Road（182）、Questionnaire（177）、Fatality（161）、Severity（155）、Report（152）、Association（138）、Risk Factor（130）。
聚类 3# 可靠性与风险分析	Function（461）、Parameter（460）、Distribution（394）、Uncertainty（385）、Failure（366）、Component（348）、Reliability（313）、Modeling（237）、Property（236）、Estimation（232）、Prediction（223）、Simulation（206）、Algorithm（189）、Efficiency（188）、Accuracy（164）、Series（156）、Requirement（150）、Assumption（131）、Advantage（126）、Maintenance（125）。
聚类 4# 爆炸、火灾与过程安全	Test（343）、Experiment（300）、Concentration（253）、Temperature（217）、Size（205）、Ratio（181）、Pressure（172）、Explosion（151）、Distance（146）、Product（145）、Plant（143）、Flow（128）、Production（123）、Measurement（119）、Water（117）、Limit（115）、Fire（113）、Mixture（110）、Energy（99）、Gas（97）。

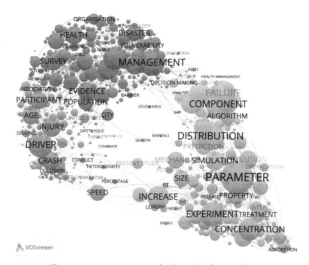

图 3-8 2016—2017 年安全科学主题聚类

Fig. 3-8 Clustering of safety science terms（2016—2017）

表 3-7 2016—2017 年安全科学研究各聚类高频主题

Table 3-7 High frequency terms of safety science research in each cluster（2016—2017）

聚类名称	主题（频次）
聚类 1# 安全、灾害与风险管理	Management（425）、Practice（385）、Knowledge（333）、Evidence（296）、Survey（294）、Health（286）、Policy（285）、Experience（270）、Worker（260）、Country（258）、Disaster（246）、Population（246）、Perspective（232）、Program（231）、Intervention（220）、Implication（219）、Perception（210）、Community（204）、City（185）、Interview（184）、Lack（184）、Vulnerability（184）。
聚类 2# 过程安全、爆炸等	Parameter（559）、Experiment（393）、Concentration（366）、Increase（361）、Solution（295）、Temperature（294）、Mechanism（268）、Property（261）、Size（259）、Efficiency（244）、Presence（230）、Treatment（221）、Ratio（220）、Pressure（212）、Capacity（200）、Explosion（193）、Water（181）、Removal（178）、Measurement（176）、Amount（172）。
聚类 3# 交通安全	Driver（407）、Injury（315）、Crash（291）、Participant（285）、Age（278）、Speed（254）、Vehicle（235）、Road（170）、Fatality（159）、Association（156）、Self（148）、United States（145）、Practical Application（140）、Collision（124）、Driving（123）、Predictor（119）、Risk Factor（118）、Death（115）、Traffic（111）、Pedestrian（110）、Majority（109）、Month（106）、Proportion（101）、Intersection（98）、Gender（97）。
聚类 4# 可靠性与风险分析	Distribution（474）、Component（419）、Failure（419）、Uncertainty（382）、Example（350）、Reliability（329）、Simulation（302）、Estimation（293）、Algorithm（264）、Prediction（255）、Accuracy（204）、Interval（162）、Decision Making（148）、Maintenance（147）、Risk Analysis（142）、Dependence（130）、Availability（123）、Sensitivity Analysis（120）、Calculation（115）、Applicability（106）。

3.3 期刊主题的可视化

期刊的主题反映了其所关注的研究焦点，对典型的安全科学期刊的主题进行探究，有助于认识不同期刊核心主题的异同，并更好地服务于安全科学研究。为了更加直观地呈现期刊的主题，在分析阶段，提取作者给出的原始关键词，作为分析和比较期刊主题的基础。在分析数据时，原始关键词中存在部分需要进行预处理的关键词（包含相同关键词的不同写法，大小写以及缩写等），本研究通过合并、过滤、替换等方式将关键词标准化。然后构建关键词的共现网络，并以关键词密度图的形式来呈现分析结果。在密度图中，一个关键词的词频越高，则与该关键词距离（关系）较近的关键词就越多，该关键词的密度就越大。

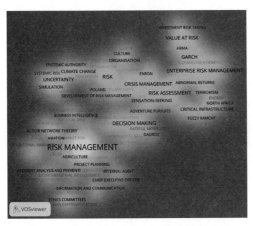

图 3-9 期刊 *RM-JRCD* 的关键词密度图
Fig. 3-9 Keywords density map of *RM-JRCD*

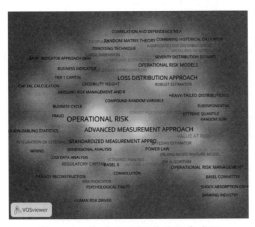

图 3-10 期刊 *JOR* 的关键词密度图
Fig. 3-10 Keywords density map of *JOR*

按照载文量的从少到多的顺序呈现安全科学期刊的主题图谱，并对2008—2017 年每种期刊论文中所使用的高频关键词进行分析。

（1）期刊 *RM-JRCD*（即期刊《风险管理—风险危机与灾害》）的关键词密度图见图 3-9。该期刊出现频次最高的关键词是风险管理（Risk Management），与该期刊的名称高度相符。此外，决策（Decision Making）、企业风险管理（Enterprise Risk Management）、风险评价（Risk Assessment）以及危机管理（Crisis Management）出现的频次也较高。从关键词密度图的整体分布来看，期刊 *RM-JRCD* 以风险管理为核心，并涉及风险决策、企业风险管理、风险评估以及危机管理等热点主题。

（2）期刊 *JOR*（即期刊《操作风险》）的关键词密度图见图 3-10。期刊 *JOR* 的高频关键词主要有操作风险（Operational Risk）、高级测量方法（Advanced Measurement Approach）、损失分布法（Loss Distribution Approach）、标准化测

量方法（Standardized Measurement Approach）以及风险价值（Value at Risk）。从关键词密度图的整体分布来看，该期刊的主题主要集中在操作风险和损失分配方法两大核心区域。

（3）期刊 *JRMV*（即期刊《风险模型验证杂志》）的关键词密度图见图3-11。期刊 *JRMV* 的高频关键词有风险价值（Value at Risk）、压力测试（Stress Testing）、信用风险（Credit Risk）、市场风险（Market Risk）以及模型验证（Model Validation）。从关键词密度图的整体分布来看，该期刊的核心主题也集中在高频关键词所在的位置。

（4）期刊 *IJDRS*（即期刊《国际灾害风险科学》）的关键词密度图见图3-12。期刊 *IJDRS* 的高频关键词主要集中在灾害风险减少（Disaster Risk Reduction）、中国（China）、气候变化（Climate Change）、适应气候变化（Climate Change Adaptation）、自然灾害（Natural Hazard）、脆弱性（Vulnerability）、弹性（Resilience）、风险治理（Risk Governance）、灾害风险管理（Disaster Risk Management）、仙台框架（Sendai Framework）以及孟加拉国（Bangladesh）等方面。从关键词密度图的整体分布来看，该期刊的核心主题集中在灾害风险减少以及气候变化等方面。在国家层面上的灾害研究中，中国和美国最为突出。

（5）期刊 *JR*（即期刊《风险杂志》）的关键词密度图见图3-13。期刊 *JR* 的高频关键词主要有风险价值（Value At Risk）、风险管理（Risk Management）、

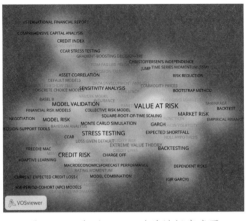

图3-11 期刊 *JRMV* 的关键词密度图
Fig. 3-11 Keywords density map of *JRMV*

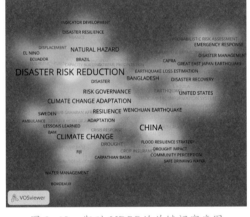

图3-12 期刊 *IJDRS* 的关键词密度图
Fig. 3-12 Keywords density map of *IJDRS*

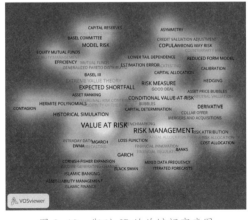

图3-13 期刊 *JR* 的关键词密度图
Fig. 3-13 Keywords density map of *JR*

预期短缺（Expected Shortfall）、风险测量（Risk Measure）、条件风险值（Conditional Value at Risk）以及极值理论（Extreme Value Theory）。该期刊的核心主题集中在高频关键词所在的区域。

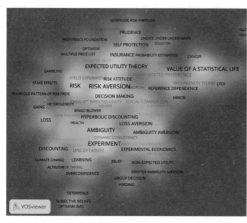

图 3-14　期刊 *JRU* 的关键词密度图
Fig. 3-14　Keywords density map of *JRU*

避、模糊厌恶和统计生命价值方面。

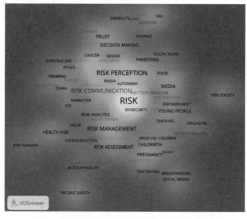

图 3-15　期刊 *HRS* 的关键词密度图
Fig. 3-15　Keywords density map of *HRS*

（6）期刊 *JRU*（即期刊《风险与不确定性》）的关键词密度图见图 3-14。期刊 *JRU* 的高频关键词有风险规避（Risk Aversion）、前景理论（Prospect Theory）、实验（Experiment）、统计生命价值（Value of A Statistical Life）、风险（Risk）、模糊 / 不确定（Ambiguity）、期望效用理论（Expected Utility Theory）、风险偏好（Risk Preference）、不确定性（Uncertainty）、模糊厌恶（Ambiguity Aversion）、决策（Decision Making）以及跨期选择（Intertemporal Choice）。从图中得出，该期刊的主题集中在风险规

（7）期刊 *HRS*（即期刊《健康风险社会》）的关键词密度图见图 3-15。期刊 *HRS* 的高频关键词围绕风险（Risk）展开，涉及风险感知（Risk Perception）、不确定性（Uncertainty）、风险沟通（Risk Communication）、公共卫生（Public Health）、风险管理（Risk Management）、信任（Trust）、媒体（Media）、风险评估（Risk Assessment）、怀孕（Pregnancy）、健康风险（Health Risk）、决策（Decision Making）、筛查 / 甄别（Screening）、年轻人群（Young People）、健康（Health）、风险分析（Risk Analysis）以及框架 / 结构（Framing）。整个密度图形成了以风险（Risk）为核心的关于健康风险分析与管理的主题群。

（8）期刊 *PIMEPO-JRR*（即期刊《风险与可靠性杂志》）的关键词密度图见图 3-16。期刊 *PIMEPO-JRR* 的高频关键词有可靠性（Reliability）、蒙特卡洛模拟（Monte Carlo Simulation）、可靠性分析（Reliability Analysis）、贝叶斯网络（Bayesian

Network）、维护 / 维修（Maintenance）、不确定性（Uncertainty）、可用性（Availability）、基于状态的维护（Condition Based Maintenance）、故障诊断（Fault Diagnosis）、故障树（Fault Tree）、风险（Risk）、系统可靠性（System Reliability）以及预防性维护（Preventive Maintenance）。从关键词密度的整体分布来看，该期刊的热点主题集中在可靠性方面，分析技术与方法关注也比较突出，如贝叶斯网络、蒙特卡洛模拟和故障树等。

（9）期刊 IJICSP（即期刊《国际伤害控制和安全促进》）的关键词密度图见图 3-17。期刊 IJICSP 的高频关键词有伤害（Injury）、伤害预防（Injury Prevention）、安全（Safety）、儿童（Children）、流行病学（Epidemiology）、道路安全（Road Safety）、溺亡（Drowning）、预防（Prevention）、风险因素（Risk Factor）、道路交通伤害（Road Traffic Injurie）、监视（Surveillance）、事故（Accident）、交通事故（Traffic Accident）、伊朗（Iran）、摩托车（Motorcycle）、意外伤害（Unintentional Injury）以及行人（Pedestrian）。图中伤害、伤害预防、安全等关键词的密度较大，说明道路交通安全伤害是该期刊研究的核心主题，此外还包含家庭和学校伤害、体育伤害等主题。

（10）期刊 IJOSE（即期刊《国际职业安全与人机工程学》）的关键词密度图见图 3-18。该期刊的高频关

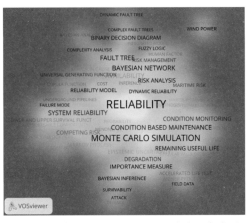

图 3-16　期刊 PIMEPO-JRR 的关键词密度图
Fig. 3-16　Keywords density map of PIMEPO-JRR

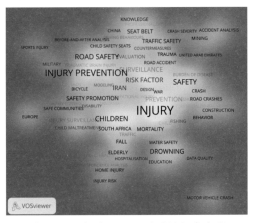

图 3-17　期刊 IJICSP 的关键词密度图
Fig. 3-17　Keywords density map of IJICSP

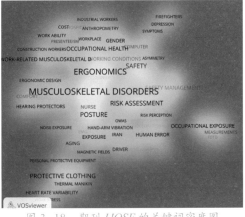

图 3-18　期刊 IJOSE 的关键词密度图
Fig. 3-18　Keywords density map of IJOSE

键词有肌肉骨骼疾病（Musculoskeletal Disorders）、人机工程学（Ergonomics）、职业健康与安全（Occupational Health And Safety）、姿势（Posture）、风险评估（Risk Assessment）、安全（Safety）、防护服（Protective Clothing）、噪音（Noise）、事故（Accident）、职业健康（Occupational Health）、手工物料搬运（Manual Materials Handling）、安全管理（Safety Management）以及职业暴露（Occupational Exposure）等。主要涉及职业安全与人机工程学方面的研究内容。从关键词密度图的整体分布来看，该期刊以肌肉骨骼疾病研究为核心主题，同时包含了姿势、风险评估、人机工程、职业安全与健康等主题。

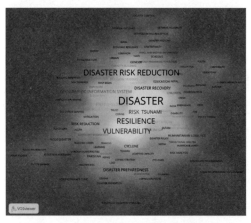

图 3-19　期刊 *IJDRR* 的关键词密度图
Fig. 3-19　Keywords density map of *IJDRR*

（11）期刊 *IJDRR*（即期刊《国际减灾与风险》）的关键词密度图见图 3-19。该期刊的高频关键词有灾害（Disaster）、灾害风险减少（Disaster Risk Reduction）、弹性（Resilience）、地震（Earthquake）、脆弱性（Vulnerability）、洪水（Flood）、风险（Risk）、灾害管理（Disaster Management）、自然灾害（Natural Disaster）、海啸（Tsunami）、气候变化（Climate Change）、危险、危害（Hazard）、准备（Preparedness）、风险感知（Risk Perception）以及地理信息系统（Geographic Information System）。关键词密度图显示出该期刊的主题主要集中在灾害、灾害风险减少、弹性以及脆弱性等方面。

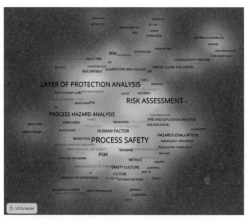

图 3-20　期刊 *PSP* 的关键词密度图
Fig. 3-20　Keywords density map of *PSP*

（12）期刊 *PSP*（即期刊《过程安全进展》）的关键词密度图见图 3-20。该期刊的高频关键词有 Process Safety、PSM、过程安全或管理（Process Safety Management）、风险管理（Risk Assessment）、保护层分析（Layer of Protection Analysis）、过程危险分析（Process Hazard Analysis）、爆炸（Explosion）、风险分析（Risk Analysis）、事件调查（Incident Investigation）、人的因素（Human Factor）、危险评估（Hazards

Evaluation）、风险（Risk）、事件（Incident）、操作纪律（Operational Discipline）、粉尘爆炸（Dust Explosion）、设备完整性（Mechanical Integrity）、安全仪表系统（Safety Instrumented System）、危险（Hazard）、安全文化（Safety Culture）、安全管理（Safety Management）、险兆事件（Near Miss）、计算流体动力学（CFD）以及量化风险评估（Quantitative Risk Assessment）。关键词密度图说明该期刊的主题分布在过程安全、风险评估以及保护层分析等方面。

（13）期刊 *WHS*（即期刊《工作场所健康安全》）的关键词密度图见图 3–21。该期刊的高频关键词主要有职业健康与安全计划（Occupational Health and Safety Programs）、健康促进（Health Promotion）、疾病预防（Disease Prevention）、劳动力（Workforce）、健康教育（Health Education）、职业危险（Occupational Hazard）、职业伤害（Occupational Injury）、安全（Safety）、精神健康（Mental Health）、职业健康与安全团队（Occupational Health and Safety Team）、最佳实践（Best

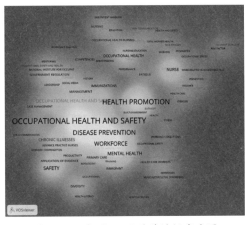

图 3–21　期刊 *WHS* 的关键词密度图
Fig. 3–21　Keywords density map of *WHS*

Practices）、慢性疾病（Chronic Illnesses）、护士（Nurse）、全球职业健康（Global Occupational Health）、职业健康（Occupational Health）以及传染病（Communicable Diseases）。从关键词密度图的整体分布来看，该期刊的主题围绕着职业健康与卫生、疾病预防和健康展开。

（14）期刊 *JSR*（即期刊《安全研究》）的关键词密度图见图 3–22。该期刊的高频关键词有伤害（Injury）、伤害预防（Injury Prevention）、安全（Safety）、安全氛围（Safety Climate）、跌落（Fall）、摩托车（Motor Vehicle）、道路安全（Road Safety）、撞车（Crash）、酒精（Alcohol）、职业伤害（Occupational Injury）、施工（Construction）、交通安全（Traffic Safety）、事故（Accident）、伤害程度（Injury Severity）、摩托车相撞（Motor

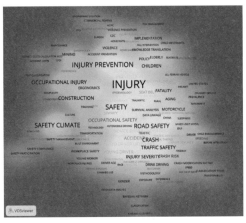

图 3–22　期刊 *JSR* 的关键词密度图
Fig. 3–22　Keywords density map of *JSR*

Vehicle Crash）、职业安全（Occupational Safety）、老年驾驶员（Older Driver）以及预防（Prevention）。从高频关键词和关键词密度图可以得出，期刊 JSR 的研究热点集中在道路交通安全、伤害预防领域，职业安全、职业伤害和安全氛围的研究也相对突出。

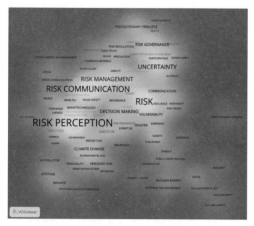

图 3-23　期刊 JRR 的关键词密度图
Fig. 3-23　Keywords density map of JRR

（15）期刊 JRR（即期刊《风险研究》）的关键词密度图见图 3-23。该期刊的高频关键词有风险感知（Risk Perception）、风险（Risk）、风险沟通（Risk Communication）、不确定性（Uncertainty）、风险管理（Risk Management）、风险评价（Risk Assessment）、决策（Decision Making）、监管（Regulation）、信任（Trust）、风险治理（Risk Governance）、气候变化（Climate Change）、风险分析（Risk Analysis）、预防原则（Precautionary Principle）、沟通（Communication）、情感（Emotion）、风险承担（Risk Taking）、脆弱性（Vulnerability）、影响（Affect）、态度（Attitude）以及安全（Safety）。从关键词密度图的整体分布来看，风险感知、不确定性、风险沟通和风险管理是期刊 JRR 研究的核心领域。

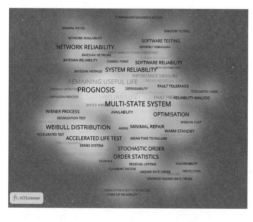

图 3-24　期刊 ITR 的关键词密度图
Fig. 3-24　Keywords density map of ITR

（16）期刊 ITR（即期刊《IEEE 可靠性汇刊》）的关键词密度图见图 3-24。该期刊的高频关键词有预后（Prognosis）、多阶段系统（Multi-State System）、可靠性（Reliability）、蒙特卡洛模拟（Monte Carlo Simulation）、剩余使用寿命（Remaining Useful Life）、韦伯分布（Weibull Distribution）、系统可靠性（System Reliability）、网络可靠性（Network Reliability）、状态监测（Condition Monitoring）、顺序统计（Order Statistics）、优化（Optimisation）、随机顺序（Stochastic Order）、加速寿命实验（Accelerated Life Test）、退化（Degradation）、退化模型

（Degradation Model）以及通用生成函数（Universal Generating Function）。期刊*ITR*的关键词密度图显示，网络可靠性、预后诊断、多阶段系统、随机顺序以及韦伯分布是该期刊的核心主题领域。

（17）期刊*PSEP*（即期刊《过程安全与环境保护》）的关键词密度图见图3-25。该期刊的高频关键词有吸附（Adsorption）、响应面法（Response Surface Methodology）、动力学（Kinetic）、优化（Optimisation）、风险评估（Risk Assessment）、等温线（Isotherm）、重金属（Heavy Metal）、建模（Modeling）、粉尘爆炸（Dust Explosion）、安全（Safety）、污水处理（Wastewater Treatment）、计算流体力学（CFD）、活性炭（Activated Carbon）、固有安全性（Inherent Safety）、生物柴油

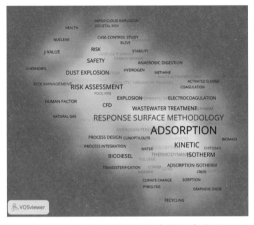

图3-25 期刊*PSEP*的关键词密度图
Fig. 3-25 Keywords density map of *PSEP*

（Biodiesel）、热力学（Thermodynamic）、爆炸（Explosion）、风险（Risk）以及污水（Wastewater）。期刊*PSEP*的关键词密度图以"吸附"为核心，反映了该期刊对过程工业中环境问题的研究。安全问题主要显示在图谱的上半部分，包括安全与风险评估、粉尘爆炸等研究。

（18）期刊*SERRA*（即期刊《随机环境研究与风险评估》）的关键词密度图见图3-26。该期刊的高频关键词有不确定性（Uncertainty）、气候变化（Climate Change）、蒙特卡洛模拟（Monte Carlo Simulation）、地质统计学（Geostatistics）、人工神经网络（Artificial Neural Network）、风险评估（Risk Assessment）、降水量（Precipitation）、Copula函数或模型（Copula）、克里格法（Kriging）、马可夫链蒙特卡罗法（Markov Chain Monte Carlo）、雨量（Rainfall）、中

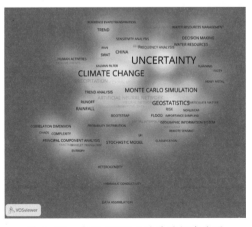

图3-26 期刊*SERRA*的关键词密度图
Fig. 3-26 Keywords density map of *SERRA*

国（China）、洪水频次分析（Flood Frequency Analysis）、干旱（Drought）、地下水（Groundwater）、随机模型（Stochastic Model）以及水资源研究（Water Resources）。

从关键词密度图可以看出，期刊 *SERRA* 的研究主题集中在不确定性、气候变化、地质统计学与蒙特卡洛模拟等领域。

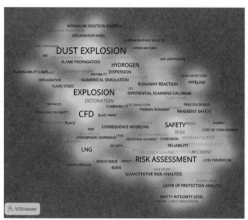

图 3-27　期刊 *JLPPI* 的关键词密度图
Fig. 3-27　Keywords density map of *JLPPI*

（19）期刊 *JLPPI*（即期刊《工业过程损失预防杂志》）的关键词密度图见图 3-27。该期刊的高频关键词有粉尘爆炸（Dust Explosion）、计算流体动力学（CFD）、爆炸（Explosion）、风险评估（Risk Assessment）、瓦斯爆炸（Gas Explosion）、安全（Safety）、过程安全（Process Safety）、液化天然气（LNG）、风险分析（Risk Analysis）、氢（Hydrogen）、风险（Risk）、蒸气云爆炸（Vapor Cloud Explosion）、爆轰（Detonation）、数值仿真（Numerical Simulation）、分散（Dispersion）、管道（Pipeline）、反应失控（Runaway Reaction）、点火（Ignition）以及超压（Overpressure）等。从关键词密度图的整体分布来看，期刊 *JLPPI* 在粉尘爆炸、计算流体力学以及风险安全评价等方面的研究最为突出。

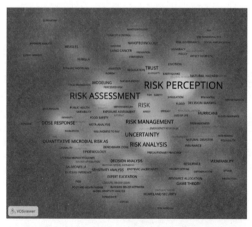

图 3-28　期刊 *RA* 的关键词密度图
Fig. 3-28　Keywords density map of *RA*

（20）期刊 *RA*（即期刊《风险分析》）的关键词密度图见图 3-28。该期刊的高频关键词有风险感知（Risk Perception）、风险评价（Risk Assessment）、风险沟通（Risk Communication）、风险（Risk）、风险分析（Risk Analysis）、不确定性（Uncertainty）、风险管理（Risk Management）、剂量—反应（Dose Response）、信任（Trust）、恐怖袭击（Terrorism）、微生物危险性定量评估（Quantitative Microbial Risk Assessment）、气候变化（Climate Change）、建模（Modeling）、贝叶斯网络（Bayesian Network）、飓风（Hurricane）、大气污染（Air Pollution）、决策分析（Decision Analysis）、博弈论（Game Theory）、决策（Decision Making）、专家经验撷取技术（Expert Elicitation）、纳米技术（Nanotechnology）、沙门氏菌（Salmonella）、流行病学（Epidemiology）、专家判断

（Expert Judgment）、洪水风险（Flood Risk）、国土安全（Homeland Security）、肺癌（Lung Cancer）、麻疹（Measles）、弹性（Resilience）以及脆弱性（Vulnerability）。在关键词密度图中，风险感知、风险沟通、风险评价以及风险管理所在区域的密度最大。

（21）期刊 *RESS*（即期刊《可靠性工程与系统安全》）的关键词密度图见图 3-29。该期刊的高频关键词有可靠性（Reliability）、敏感性分析（Sensitivity Analysis）、不确定性Uncertainty）、蒙特卡洛仿真（Monte Carlo Simulation）、优化（Optimisation）维护/保养（Maintenance）、不确定性分析（Uncertainty Analysis）、风险分析（Risk Analysis）、多态系统（Multi-State System）、风险评估（Risk Assessment）、风险（Risk）、预防性维修（Preventive Maintenance）、安全（Safety）、人因

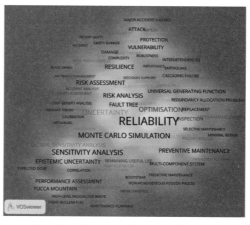

图 3-29　期刊 *RESS* 的关键词密度图
Fig. 3-29　Keywords density map of *RESS*

可靠性（Human Reliability）、认知不确定性（Epistemic Uncertainty）、贝叶斯网络（Bayesian Network）、可靠性分析（Reliability Analysis）、系统可靠性（System Reliability）、弹性（Resilience）、遗传算法（Genetic Algorithm）、故障树（Fault Tree）、基于状态的维护（Condition Based Maintenance）、全局敏感性分析（Global Sensitivity Analysis）、可用性（Availability）、概率风险评估（Probabilistic Risk Assessment）、脆弱性（Vulnerability）、重要性度量（Importance Measure）以及绩效评估（Performance Assessment）。关键词"可靠性"位于密度图的核心，被不确定性、优化、蒙特卡洛模拟、敏感性分析等高密度的主题领域所环绕。

（22）期刊 *SS*（即期刊《安全科学》）的关键词密度图见图 3-30。该期刊的高频关键词有安全（Safety）、安全文化（Safety Culture）、风险评价（Risk Assessment）、安全氛围（Safety Climate）、安全管理（Safety Management）、事故（Accident）、风险

图 3-30　期刊 *SS* 的关键词密度图
Fig. 3-30　Keywords density map of *SS*

（Risk）、职业安全（Occupational Safety）、风险管理（Risk Management）、职业健康与安全（Occupational Health And Safety）、风险分析（Risk Analysis）、建筑（Construction）、职业事故（Occupational Accident）、人的因素（Human Factor）、道路安全（Road Safety）、事故分析（Accident Analysis）以及风险感知（Risk Perception）。整个关键词密度图以安全为核心向外扩展，周围包含了安全文化、安全氛围、职业安全、风险评价与分析等研究主题。

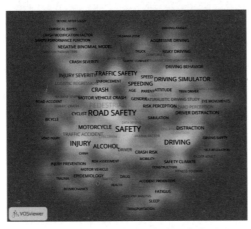

图 3-31 期刊 *AAP* 的关键词密度图
Fig. 3-31 Keywords density map of *AAP*

（23）期刊 *AAP*（即期刊《事故分析与预防》）的关键词密度图见图 3-31。该期刊的高频关键词有安全（Safety）、道路安全（Road Safety）、伤害（Injury）、驾驶（Driving）、行人（Pedestrian）、交通安全（Traffic Safety）、老年驾驶员（Older Driver）、酒精（Alcohol）、驾驶模拟器（Driving Simulator）、年轻司机（Young Driver）、撞车（Crash）、事故（Accident）、摩托车（Motorcycle）、超速（Speeding）、驾驶员行为（Driver Behavior）、伤害严重度（Injury Severity）、风险（Risk）、老龄化（Aging）、交通事故（Traffic Accident）、机动车碰撞（Motor Vehicle Crash）、注意力分散（Distraction）、驾驶员分心（Driver Distraction）以及风险因素（Risk Factor）。从关键词密度图的整体分布来看，期刊 *AAP* 的主题主要是关于道路交通安全（涉及驾驶员行为、伤害和事故原因等）的研究。

3.4 主题的空间分布

3.4.1 高产国家/地区主题地图

依据国家/地区的产出排名，提取排名前三的国家/地区（美国、中国和英格兰）的论文数据，对这些国家/地区的安全科学论文的主题进行可视化分析，以了解其研究内容。

（1）美国的安全科学研究的主题聚类见图 3-32。按照主题的紧密关系，将美国的安全科学研究主题划分为四类，各聚类中主题的详细信息见表 3-8。美国的研究主题分别为：聚类 1# 可靠性与风险定量分析；聚类 2# 道路交通安全；聚类 3# 伤害的流行病学调查；聚类 4# 风险管理。

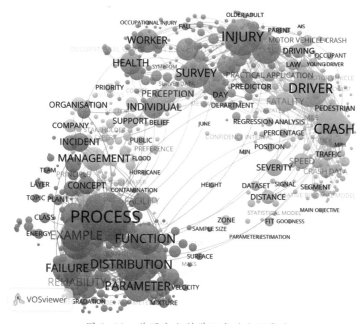

图 3-32　美国安全科学研究的主题聚类

Fig. 3-32　Terms cluster of USA safety science research

表 3-8　美国安全科学研究各聚类高频主题

Table 3-8　High frequency terms of USA safety science research in each cluster

聚类名称	主题（频次）
聚类 1# 可靠性与风险定量分析（同时包含过程安全与火灾、爆炸等主题）	Process（800）、Distribution（470）、Function（467）、Example（453）、Uncertainty（441）、Parameter（420）、Failure（410）、Component（402）、Reliability（361）、Case Study（341）。
聚类 2# 道路交通安全（偏结果分析）	Driver（551）、Crash（523）、Vehicle（357）、Fatality（247）、Severity（209）、Speed（193）、Road（171）、Driving（164）、Distance（157）、Collision（148）。
聚类 3# 伤害的流行病学调查	Injury（556）、Age（422）、Survey（402）、Worker（315）、Participant（312）、Health（298）、Intervention（292）、Individual（285）、Association（235）、Death（225）。
聚类 4# 风险管理	Management（318）、Perception（235）、Support（179）、Risk Analysis（175）、Organization（171）、Company（150）、Risk Management（149）、Communication（137）、Attitude（131）、Risk Perception（123）。

（2）中国安全科学研究的主题聚类见图 3-33，各聚类中主题的详细信息见表 3-9。我国安全科学国际论文涉及的主题主要有四类，分别为：聚类 1# 可靠性与不确定性分析；聚类 2# 工业过程、火灾与爆炸；聚类 3# 道路交通安全；聚类 4# 灾害风险管理。

图 3-33　中国安全科学研究的主题聚类

Fig. 3-33　Terms cluster of China safety science research

表 3-9　中国安全科学研究各聚类高频主题

Table 3-9　High frequency terms of China safety science research in each cluster

聚类名称	主题（频次）
聚类 1# 可靠性与不确定性分析	Reliability（282）、Failure（258）、Component（241）、Example（236）、Algorithm（221）、Uncertainty（206）、State（192）、Cost（159）、Numerical Example（133）、Policy（116）、Advantage（114）。
聚类 2# 工业过程、火灾与爆炸	Experiment（250）、Increase（228）、Temperature（193）、Concentration（183）、Ratio（154）、Pressure（147）、Explosion（131）、Distance（125）、Range（122）、Fire（97）。
聚类 3# 道路交通安全（偏事故因素分析）	Speed（133）、Driver（117）、Crash（94）、City（93）、Injury（89）、Vehicle（78）、Country（75）、Age（74）、Experience（69）、Implication（58）。
聚类 4# 灾害风险管理	Region（187）、Trend（135）、Station（104）、Basin（96）、Decrease（88）、River（77）、Province（76）、Water（72）、Precipitation（70）、Map（53）、Variability（53）、Vulnerability（52）、Risk Management（51）、Climate Change（50）。

（3）英格兰安全科学研究的主题聚类见图 3-34，各聚类中主题的详细信息见表 3-10。结合主题聚类将英格兰的安全科学研究主题划分为四类，分别为：聚类 1# 安全与风险管理；聚类 2# 可靠性与故障建模；聚类 3# 道路交通安全；聚类 4# 工业过程安全。

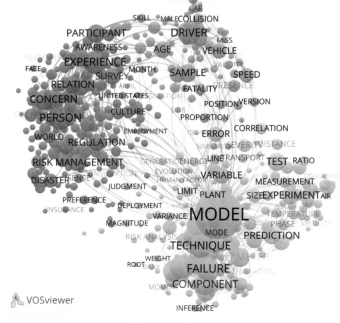

图 3-34 英格兰安全科学研究的主题聚类

Fig. 3-34 Terms cluster of England safety science research

表 3-10 英格兰安全科学研究各聚类高频主题

Table 3-10 High frequency terms of England safety science research in each cluster

聚类名称	主题（频次）
聚类 1# 安全与风险管理	Person（139）、Experience（135）、Concern（105）、Interview（105）、Perception（94）、Participant（91）、Risk Management（87）、Relation（86）、Individual（81）、Regulation（80）、Survey（77）、Question（76）。
聚类 2# 可靠性与故障建模	Model（473）、Failure（150）、Function（143）、Technique（136）、Cost（131）、Probability（125）、Component（120）、Distribution（110）、Parameter（102）、Reliability（99）、Operation（95）、Variable（77）、Solution（76）、Modeling（75）、Estimation（71）、Property（71）。
聚类 3# 道路交通安全（人、车、路等影响因素分析）	Driver（139）、Sample（93）、Age（77）、Injury（74）、Road（70）、Vehicle（68）、Speed（67）、Crash（62）、Attitude（57）、Questionnaire（51）。
聚类 4# 工业过程安全（火灾与爆炸等）	Test（95）、Experiment（89）、Prediction（89）、Simulation（76）、Pressure（66）、Release（57）、Size（57）、Concentration（56）、Severity（55）、Crown（52）、Plant（52）、Calculation（48）、Correlation（46）、Flow（45）、Explosion（44）、Measurement（44）、Phase（44）、Amount（43）、Distance（43）、Limit（42）、Fire（37）、Temperature（37）。

3.4.2　高产机构主题地图

本研究仅仅考虑发文量排名前三的机构，分别为德州农工大学、代尔夫特理工大学和斯塔万格大学。这三所大学在2008—2017年的发文量均高于200篇。

（1）德州农工大学安全科学研究的主题聚类见图3-35，各聚类中主题的详细信息见表3-11。该机构的主题被划分为四类，分别为：聚类1# 灾害风险评估与管理；聚类2# 交通事故统计模型分析；聚类3# 火灾与爆炸；聚类4# 过程安全及管理。

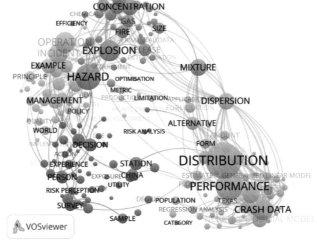

图3-35　德州农工大学安全科学研究的主题聚类
Fig. 3-35　Terms cluster of Texas A&M Univ safety science research

表3-11　德州农工大学安全科学研究各聚类高频主题
Table 3-11　High frequency terms of Texas A&M Univ safety science research in each cluster

聚类名称	主题（频次）
聚类1# 灾害风险评估与管理	Decision（17）、Station（17）、Environment（16）、Person（16）、China（15）、Survey（15）、Perception（14）、Drought（13）、Hurricane（13）、Sample（13）、Correlation（12）、Disaster（12）、Experience（12）、Implication（12）。
聚类2# 交通事故统计模型分析	Distribution（46）、Performance（35）、Crash Data（26）、Dataset（22）、Dispersion（21）、Negative Binomial Model（19）、Observation（18）、Alternative（17）、Accuracy（16）、Crash（15）、Mean（15）。
聚类3# 火灾与爆炸	Hazard（33）、Explosion（27）、Mixture（22）、Concentration（21）、Pressure（18）、Temperature（17）、Fire（16）、Gas（16）、Reaction（16）、Release（16）。
聚类4# 过程安全及管理	Operation（27）、Incident（25）、Example（19）、Management（19）、Procedure（18）、Process Industry（17）、Indicator（16）、Plant（16）、Principle（14）、Control（12）、Direction（12）。

（2）代尔夫特理工大学安全科学研究的主题分布见图 3-36，各聚类中主题的详细信息见表 3-12。从图中可以得到该机构的包括四类，分别为：聚类 1# 安全管理与监管；聚类 2# 道路交通安全；聚类 3# 过程安全分析；聚类 4# 可靠性、维修性及成本 / 效益分析。

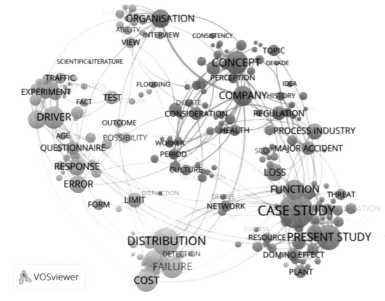

图 3-36　代尔夫特理工大学安全科学研究的主题聚类
Fig. 3-36　Terms cluster of Delft Univ Technol safety science research

表 3-12　代尔夫特理工大学安全科学研究各聚类高频主题
Table 3-12　High frequency terms of Delft Univ Technol safety science research in each cluster

聚类名称	主题（频次）
聚类 1# 安全管理与监管	Concept（20）、Company（17）、Organization（16）、Focus（12）、Regulation（12）、Consideration（11）、Effort（11）、Health（10）、Topic（10）、Culture（9）、Government（9）、Perception（9）、Period（9）、Safety Management（9）、Safety Management System（9）。
聚类 2# 道路交通安全	Driver（19）、Behavior（16）、Error（15）、Response（15）、Limit（13）、Experiment（12）、Questionnaire（12）、Road（12）、Test（12）、Survey（11）。
聚类 3# 过程安全分析	Case Study（30）、Present Study（22）、Function（17）、Loss（15）、Process Industry（14）、Bayesian Network（13）、Installation（12）、Major Accident（12）、Domino Effect（11）、Expert Judgement（11）、Plant（11）。
聚类 4# 可靠性、维修性及成本 / 效益分析	Distribution（24）、Cost（19）、Failure（19）、Reliability（16）、Estimation（12）、Maintenance（10）、Possibility（10）、Inspection（9）、Degradation（8）、Availability（7）、Detection（7）、Reliability Analysis（7）。

（3）斯塔万格大学安全科学研究的主题聚类见图 3-37，各聚类中主题的详细信息见表 3-13。该机构发文的主题集中三类，分别为：聚类 1# 风险评价；聚类 2# 安全管理；聚类 3# 系统安全防范。

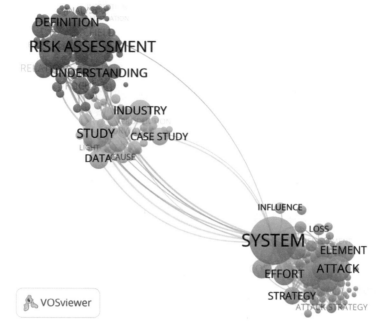

图 3-37　斯塔万格大学安全科学研究的主题聚类
Fig. 3-37　Terms cluster of Univ Stavanger safety science research

表 3-13　斯塔万格大学安全科学研究各聚类高频主题
Table 3-13　High frequency terms of Univ Stavanger safety science research in each cluster

聚类名称	主题（频次）
聚类 1# 风险评价	Risk Assessment（51）、Concept（42）、Definition（29）、Understanding（29）、Implication（22）、Risk Perspective（22）、Decision Making（21）、Field（21）、Relation（21）、Meaning（20）。
聚类 2# 安全管理	Study（34）、Industry（26）、Data（22）、Work（22）、Case Study（19）、Barrier（14）、Development（14）、Norway（14）、Regulation（14）、Improvement（13）。
聚类 3# 系统安全防范	System（66）、Attack（30）、Defender（27）、Resource（27）、Attacker（25）、Effort（25）、Element（24）、Cost（21）、Vulnerability（20）、Strategy（19）、Protection（16）、Contest Intensity（12）、Loss（12）、Solution（12）、Demand（11）、Attack Strategy（10）、Expected Damage（10）。

3.5　本章小结

　　本章对样本期刊论文的主题进行了系统的分析。首先，对安全科学的论文主题进行整体分析，得到安全科学研究的高频主题，包括司机、参数、失误、组件、伤害、可靠性、年龄、实验、参与者以及撞车等，反映了安全科学研究的重点领域及相关研究方法。其次，对安全科学的主题进行聚类，得到安全科学研究的六大核心领域，分别为：聚类 1# 可靠性与定量建模分析；聚类 2# 职业安全与灾害风险管理；聚类 3# 道路交通安全；聚类 4# 火灾、爆炸与过程安全；聚类 5# 伤害与统计分析；聚类 6# 有害物质处理。最后，在主题分析的基础上，对安全科学的新兴主题和高影响力主题进行分析，结果表明代理模型（Urrogate Model）、驾驶员伤害严重程度（Driver Injury Severity）、基于状态的维护（CBM）、维纳过程（Wiener Process）、剩余的使用寿命（RUL）等是安全科学高影响力的新兴主题。

　　主题时序图的分析结果显示，安全科学研究主题的变化并不明显，每个时间段的研究主题都集中在"交通安全""可靠性与风险分析""职业安全与风险管理"以及"爆炸、火灾与过程安全"四类。使用密度图对 23 种期刊的主题分别进行可视化分析，完整地呈现了各个期刊所关注的主题。在以上分析的基础上，提取了排名前三的国家 / 地区和机构的数据，分析主题的空间分布。结果显示：美国的安全科学研究主题主要有：聚类 1# 可靠性与风险定量分析；聚类 2# 道路交通安全；聚类 3# 伤害的流行病学调查；聚类 4# 风险管理。中国的国际安全研究主题主要分布在：聚类 1# 可靠性与不确定性分析；聚类 2# 工业过程、火灾与爆炸；聚类 3# 道路交通安全；聚类 4# 灾害风险管理。英格兰的安全科学研究主题主要有：聚类 1# 安全与风险管理；聚类 2# 可靠性与故障建模；聚类 3# 道路交通安全；聚类 4# 工业过程安全。在机构层面上，德州农工大学的研究主题集中在：聚类 1# 灾害风险评估与管理；聚类 2# 交通事故统计建模分析；聚类 3# 火灾与爆炸；聚类 4# 过程安全及管理。代尔夫特理工大学的研究主题分布在：聚类 1# 安全管理与监管；聚类 2# 道路交通安全；聚类 3# 过程安全分析；聚类 4# 可靠性、维修性及成本 / 效益分析。斯塔万格大学的研究主题集中在：聚类 1# 风险评价；聚类 2# 安全管理；聚类 3# 系统安全防范。

04

第四章

安全科学知识
吸收学术地图

4.1 期刊维度的知识吸收

使用文献共被引的方法，从 23 种安全科学期刊所引用的参考文献中提取了 157467 种出版物，这些出版物以期刊为主，是安全科学共同体在进行科学研究时的知识来源。安全科学研究所引用的出版物的被引频次和出版物数量的关系见图 4-1，安全科学低被引出版物的被引频次与数量见表 4-1。图和表显示，安全科学研究中的高被引出版物占有很少的比例，而低被引出版物的数量非常多。随着被引频次的增加，期刊数量在急剧减少。这反映了安全科学期刊维度知识来源的离散性与集中性的特征，安全科学的知识来源集中在少数高被引期刊。

表 4-1　安全科学低被引出版物的被引频次与数量

Table 4-1　Distribution of low cited sources in safety science

编号	被引频次	数量	编号	被引频次	数量	编号	被引频次	数量
1	1	117840	18	18	200	35	35	47
2	2	17338	19	19	144	36	36	57
3	3	6503	20	20	155	37	37	49
4	4	3465	21	21	140	38	38	50
5	5	2114	22	22	143	39	39	38
6	6	1435	23	23	115	40	40	46
7	7	1026	24	24	117	41	41	43
8	8	784	25	25	99	42	42	31
9	9	588	26	26	85	43	43	32
10	10	536	27	27	74	44	44	29
11	11	418	28	28	96	45	45	32
12	12	379	29	29	67	46	46	24
13	13	316	30	30	65	47	47	37
14	14	280	31	31	74	48	48	27
15	15	242	32	32	66	49	49	23
16	16	194	33	33	54	50	50	21
17	17	224	34	34	64			

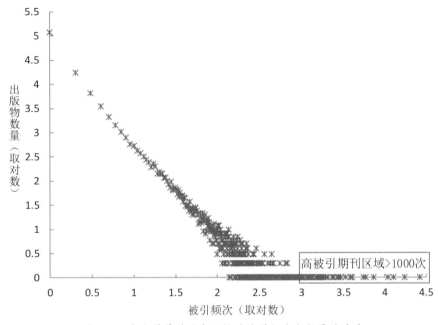

图 4-1　安全科学引用出版物的被引频次和数量的关系

Fig. 4-1　Distribution of cited sources in safety science

提取被引频次大于等于 150 次的出版物，构建安全科学期刊的共被引网络，见图 4-2。图中节点的大小代表期刊被引用的次数的多少，节点的颜色代表期刊通过共被引网络所形成的不同聚类，网络中的连线表示期刊之间的共被引关系。

安全科学领域的高被引期刊见表 4-2，表中列出了被引频次大于 1000 的期刊。安全科学研究引证的排名前十的期刊为《事故分析与预防杂志》(26646)、《可靠性工程与系统安全》(17165)、《安全科学》(12804)、《风险分析》(10801)、《IEEE 可靠性汇刊》(7355)、《工业过程损失预防》(7304)、《安全研究》(5828)、《有害物质杂志》(5448)、《交通研究记录》(4925)以及《随机环境研究与风险评估》(3808)。这些期刊为安全科学研究提供了大量研究成果，是安全科学研究的主要知识来源。期刊《事故分析与预防杂志》《可靠性工程与系统安全》《安全科学》《风险分析》《IEEE 可靠性汇刊》《工业过程损失预防》《安全研究》《随机环境研究与风险评估》《风险研究杂志》《过程安全与环境保护》《过程安全进展》《风险与不确定性》以及《健康风险社会》既是高被引期刊，又是施引期刊（★标注）。

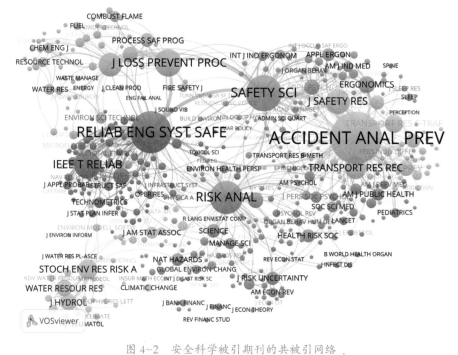

图 4-2　安全科学被引期刊的共被引网络

Fig. 4-2　Co-citation network of high cited sources in safety science

表 4-2　安全科学研究的高被引期刊

Table 4-2　High cited journals in safety science research

序号	期刊名称	期刊中文名称	被引频次	度数	影响因子
1	*Accident Anal Prev* ★	事故分析与预防杂志	26646	448	2.685
2	*Reliab Eng Syst Safe* ★	可靠性工程与系统安全	17165	455	3.153
3	*Safety Sci* ★	安全科学	12804	459	2.246
4	*Risk Anal* ★	风险分析	10801	470	2.518
5	*IEEE T Reliab* ★	*IEEE* 可靠性汇刊	7355	315	2.790
6	*J Loss Prevent Proc* ★	工业过程损失预防	7304	419	1.818
7	*J Safety Res* ★	安全研究	5828	401	1.841
8	*J Hazard Mater*	有害物质杂志	5448	439	6.065
9	*Transport Res Rec*	交通研究记录	4925	404	0.592
10	*Stoch Env Res Risk A* ★	随机环境研究与风险评估	3808	353	2.629
11	*Transport Res F-Traf*	交通研究 –F 心理与行为	3377	335	1.830
12	*Eur J Oper Res*	欧洲运筹学报	2925	434	3.297
13	*Ergonomics*	人机工程学	2899	375	1.818
14	*Water Resour Res*	水资源研究	2754	330	4.397
15	*J Hydrol*	水文学杂志	2697	320	3.483

（续表）

序号	期刊名称	期刊中文名称	被引频次	度数	影响因子
16	*Inj Prev*	伤害预防	2448	328	1.482
17	*J Appl Psychol*	应用心理学	2367	356	4.130
18	*J Risk Res* ★	风险研究杂志	2357	417	1.340
19	*Process Saf Environ* ★	过程安全与环境保护	2356	384	2.905
20	*Traffic Inj Prev*	交通伤害预防	2068	294	1.290
21	*Hum Factors*	人的因素	2040	343	2.219
22	*Process Saf Prog* ★	过程安全进展	1937	309	0.812
23	*Science*	科学	1845	468	37.205
24	*J Risk Uncertainty* ★	风险与不确定性	1788	390	1.298
25	*Health Risk Soc* ★	健康风险社会	1717	293	2.262
26	*Appl Ergon*	应用人机工程学	1669	350	1.866
27	*Nat Hazards*	自然灾害	1633	389	1.833
28	*J Am Stat Assoc*	美国统计协会会刊	1533	430	2.016
29	*Am J Public Health*	美国公共卫生杂志	1459	383	3.858
30	*Environ Sci Technol*	环境科学技术	1314	395	6.198
31	*J Pers Soc Psychol*	人格与社会心理学	1286	354	5.017
32	*Brit Med J*	英国医学杂志	1245	389	20.785
33	*Water Res*	水研究	1233	302	6.942
34	*Econometrica*	计量经济学	1232	406	3.379
35	*Technometrics*	技术计量学	1230	328	1.543
36	*Am J Ind Med*	美国工业医学杂志	1209	299	1.732
37	*Manage Sci*	管理科学	1193	421	2.822
38	*Combust Flame*	燃烧与火焰	1189	120	3.663
39	*Soc Sci Med*	社会科学与医学	1140	359	2.797
40	*Psychol Bull*	心理通报	1058	377	16.793
41	*Chem Eng J*	化学工程	1055	174	6.216
42	*Bioresource Technol*	生物资源技术	1018	141	5.651
43	*Expert Syst Appl*	应用专家系统	1011	389	3.928
44	*Int J Ind Ergonom*	国际工业人机工程学杂志	1007	347	1.415

注：表中的度数表示对象期刊与其他期刊建立的关系数，期刊的影响因子来源于科睿唯安的 JCR 2016 数据库。

通过对共被引网络的聚类可以将安全研究中所引证的期刊划分为九个聚类，分别为：聚类 1# 可靠性与系统安全；聚类 2# 工业过程安全与环境；聚类 3# 风险与灾害分析；聚类 4# 交通安全与伤害研究；聚类 5# 经济管理中的风险研究；聚类 6# 环境风险分析；聚类 7# 职业安全心理、管理等研究；聚类 8# 公共卫生与医学研究；聚类 9# 职业人机工程学。各聚类中所包含的高被引期刊见表 4-3。

表 4-3　安全科学研究引证的主要期刊

Table 4-3　High cited sources in safety science research in each cluster

聚类名称	期刊或出版物（引证次数）
聚类 1# 可靠性与系统安全	*Reliab Eng Syst Safe*（17165）、*IEEE T Reliab*（7355）、*Eur J Oper Res*（2925）、*Technometrics*（1230）、*Expert Syst Appl*（1011）、*IIE Trans*（940）、*Struct Saf*（872）、*Oper Res*（760）、*J Appl Probab*（758）、*Microelectron Reliab*（673）。
聚类 2# 工业过程安全与环境	*J Loss Prevent Proc*（7304）、*J Hazard Mater*（5448）、*Process Saf Environ*（2356）、*Process Saf Prog*（1937）、*Environ Sci Technol*（1314）、*Water Res*（1233）、*Combust Flame*（1189）、*Chem Eng J*（1055）、*Bioresource Technol*（1018）、*Ind Eng Chem Res*（943）。
聚类 3# 风险与灾害分析	*Risk Anal*（10801）、*J Risk Res*（2357）、*Science*（1845）、*Health Risk Soc*（1717）、*Nat Hazards*（1633）、Soc Sci Med（1140）、*Environ Health Persp*（857）、*Global Environ Chang*（844）、*J Appl Soc Psychol*（797）、*P Natl Acad Sci USA*（736）。
聚类 4# 交通安全与伤害研究	*Accident Anal Prev*（26646）、*J Safety Res*（5828）、*Transport Res Rec*（4925）、*Transport Res F-Traf*（3377）、*Inj Prev*（2448）、*Traffic Inj Prev*（2068）、*Hum Factors*（2040）、*J Trauma*（999）、*Pers Indiv Differ*（756）、*Transport Res A-Pol*（730）。
聚类 5# 经济管理中的风险研究	*J Risk Uncertainty*（1788）、*J Pers Soc Psychol*（1286）、*Econometrica*（1232）、*Manage Sci*（1193）、*Psychol Bull*（1058）、*Am Econ Rev*（931）、*Organ Behav Hum Dec*（658）、*Psychol Rev*（629）、*J Financ*（590）、*J Bank Financ*（551）。
聚类 6# 环境风险分析（气候与水资源等）	*Stoch Env Res Risk A*（3808）、*Water Resour Res*（2754）、*J Hydrol*（2697）、*J Am Stat Assoc*（1533）、*Nature*（966）、*Hydrol Process*（808）、*Biometrika*（726）、*Climatic Change*（696）、*Environ Modell Softw*（677）、*Ann Stat*（650）。
聚类 7# 职业安全心理、管理等研究	*Safety Sci*（12804）、*J Appl Psychol*（2367）、*J Constr Eng M Asce*（894）、*J Occup Health Psych*（714）、*Work Stress*（657）、*Acad Manage Rev*（445）、*J Conting Crisis Man*（440）、*J Organ Behav*（428）、*Acad Manage J*（425）、*Resilience Eng Conce*（368）。
聚类 8# 公共卫生与医学研究	*Am J Public Health*（1459）、*Brit Med J*（1245）、*Jama-J Am Med Assoc*（976）、*Pediatrics*（875）、*Am J Prev Med*（779）、*Lancet*（757）、*Am J Epidemiol*（744）、*New Engl J Med*（710）、*Plos One*（585）、*Bmc Public Health*（400）、*Int J Epidemiol*（396）。
聚类 9# 职业人机工程学	*Ergonomics*（2899）、*Appl Ergon*（1669）、*Am J Ind Med*（1209）、*Int J Ind Ergonom*（1007）、*J Occup Environ Med*（890）、*Occup Environ Med*（754）、*Sleep*（605）、*Scand J Work Env Hea*（601）、*Aviat Space Envir Md*（422）、*Occup Med-Oxford*（420）。

4.2　论文维度的知识吸收

4.2.1　被引文献聚类分析

本研究使用文献共被引的方法来分析被引文献的聚类。从施引文献的参考文献中提取被引频次大于等于 50 次的文献构建共被引网络，最后得到包含 259 篇文献的共被引网络，见图 4-3。图中每个节点都对应一篇文献，节点的大小表示文献被引用的次数，节点的颜色表示文献所属的聚类，节点之间的连线表示文献之间的共被引关系。网络中节点所代表的文献的详细信息见附录 2。

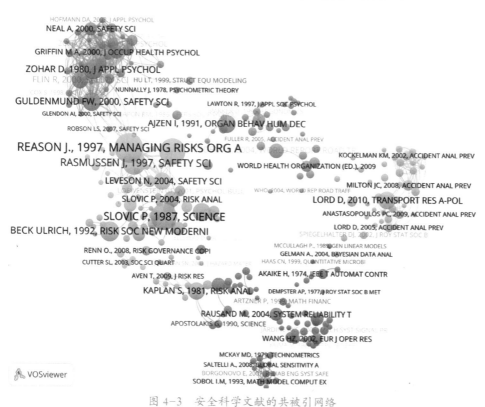

图 4-3　安全科学文献的共被引网络

Fig. 4-3　Co-citation network of cited references in safety science

得到的文献共被引网络中共包含 83 本专著 / 研究报告，176 篇期刊论文。这 83 本专著 / 研究报告主要包含安全和风险研究领域的经典著作以及大量的方法性著作。在这些高被引文献构成的网络中，D. Zohar（7）、P. Slovic（5）、J. Reason（4）、A. Saltelli（4）、T. Aven（4）、R. Barlow（3）、V. Shankar（3）、D. Kahneman（3）、K. Weick（3）、D. A. Hofmann（3）、D. Lord（3）以及 WHO（3）等作者有 3 篇或 3 篇以上的论文位于网络中，这些作者在安全和风险领域具有重要的影响。

网络中的期刊文献主要发表在《事故分析与预防杂志》（36）、《风险分析》（15）、《安全科学》（15）、《可靠性工程与系统安全》（14）、《应用心理学》（12）以及《安全研究》（9）等期刊。

网络中期刊文献、图书以及报告的数量与被引频次的时序分布和累计分布见图4-4。高被引文献来源年份的时间跨度从1931年（1篇）开始，到2013年（2篇）结束，高被引文献的主要产出年份在1990—2010年。进一步分析可得到高被引文献主要集中如下年份：2000年（23篇）、2003年（23篇）、2004年（17篇）、2006年（14篇）、2002年（14篇）、2007年（12篇）、2005年（12篇）、2008年（12篇）、1999年（12篇）以及1996年（11篇），这些年份的高被引文献贡献量都在10篇以上，是安全领域重要文献的主要来源年份。从文献被引次数的出现频数来看，随着被引频次的增加，文献的出现频次呈下降的趋势。

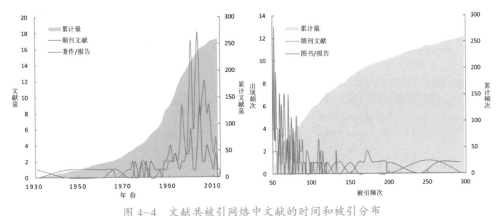

图4-4 文献共被引网络中文献的时间和被引分布
Fig. 4-4 Time and citation distribution of references in co-citation network

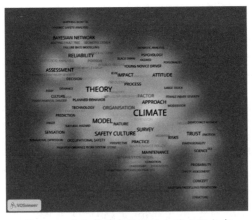

图4-5 安全科学高被引论文的主题分布
Fig. 4-5 Terms of high cited references in safety science

根据文献共被引网络中所识别的期刊DOI和图书/报告的标题简称，补充和完善了共被引网络中文献的标题信息。进一步识别和提取标题中的术语，得到的主题分布见图4-5。图中显示安全领域高被引文献的主题集中在氛围（Climate）、理论（Theory）、模型（Model）、安全文化（Safety Culture）、方法（Approach）、评价（Assessment）、可靠性（Reliability）、调查（Survey）、信任（Trust）、态度（Attitude）、贝叶斯网络（Bayesian Network）、信念（Benefit）、因素（Factor）、影响（Impact）、组织（Organization）以及风险感知（Risk Perception），围绕着这些高频主题，形成了若干前沿主题群。

文献共被引网络中排名前十的高被引文献，见表4-4。排名前两位的文献作者是知名的人因和安全管理学者，英国曼切斯特大学心理学教授 J. Reason。其在1997年出版的著作《组织事故风险管理》以及1990年出版的著作《人的差错》，已经成为安全科学领域的经典成果，并被广泛引用。与《人的差错》并列第二的文献是美国俄勒冈大学心理学教授 Slovic Paul 于1987年发表在美国《科学》杂志上的《风险感知》一文，这篇文献开启了风险感知研究的先河。排名第四位的是丹麦的 J. Rasmussen 在《安全科学》上发表的《动态社会的风险管理》一文，该论文提出了构建安全和风险分析的"社会—技术"系统模型，在安全科学研究中具有重要意义。排名第五位的是德国社会学家 Ulrich Beck 在1992年出版的专著《风险社会：迈向新的现代性》，该著作提出了风险社会的概念，对社会风险以及公共安全研究具有很高的参考价值。排名第六位的是以色列理工学院教授 D. Zohar 在《应用心理学杂志》上发表的关于安全氛围的论文，该论文开启了安全氛围研究的先河，并在后来安全文化的产生、发展和深入研究中起到了重要的作用。排名第七位的文献的作者是荷兰代尔夫特理工大学安全科学系的 F. W. Guldenmund，他是国际上首位对安全文化历史根源进行深入分析的学者，并完成了该方面的博士论文。排名第七的论文是其博士论文的一部分，发表在《安全科学》上，对从事安全文化研究的学者认识安全文化的本质有重要意义。排名第八位的是美国普林斯顿大学的心理学教授 D. Kahneman 于1979年发表在《计量经济学》上的《前景理论：风险下的决策》一文，该论文提出了前景理论。前景理论将来自心理研究领域的综合洞察力应用在了经济学当中，为不确定情况下的人为判断和决策作出了突出贡献，作者也因此获得了2002年的诺贝尔经济学奖。排名第九位的是美国麻省大学的 I. Ajzen 发表在《组织行为与人的决策过程》的关于计划行为理论的文献，该理论是对之前发表的计划行为论文的综述和进一步探讨。计划行为理论是两位学者对早期理性行动理论（Theory of Reasoned Action，TRA）的进一步发展，有助于我们认识人是如何改变自己行为的，该理论在安全的相关领域得到了广泛的应用。排名第十位的是美国德州农工大学 D. Lord 等发表的与碰撞频次数据相关的关键问题以及研究人员所使用处理方法的优缺点的研究综述。该论文进行了系统性的总结，成为后来科研人员全面地了解碰撞频次数据分析的重要文献。

表 4-4　安全科学领域的高被引文献 (Top 10)

Table 4-4　Top10 high cited references in safety research

序号	被引频次	文献信息 （作者＋出版时间＋文献来源）	类型	主要贡献	年均被引
1	293	J. Reason, 1997, *Managing Risks Org A*[①]	著作	瑞士奶酪模型	29.3
2	264	J. Reason, 1990, *Human Error*[②]	著作	人因失误	26.4
2	264	P. Slovic, 1987, *Science*[③]	期刊	风险感知	26.4
4	238	J. Rasmussen, 1997, *Safety Sci*[④]	期刊	社会—技术模型	23.8
5	200	Ulrich Beck, 1992, *Risk Soc New Moderni*[⑤]	著作	风险社会	20.0
6	196	D. Zohar, 1980, *J Appl Psychol*[⑥]	期刊	安全氛围	19.6
7	184	F. W. Guldenmund, 2000, *Safety Sci*[⑦]	期刊	安全文化	18.4
8	183	D. Kahneman, 1979, *Econometrica*[⑧]	期刊	前景理论	18.3
9	180	I. Ajzen, 1991, *Organ Behav Hum Dec*[⑨]	期刊	计划行为理论	18.0
10	177	D. Lord, 2010, *Transport Res A-Pol*[⑩]	期刊	车辆碰撞频次分析综述	17.7

　　根据文献共被引结果，可以将文献划分为六个主要聚类，见表 4-5。按照文献所涉及的内容分别将聚类命名为：聚类 1# 可靠性研究；聚类 2# 风险研究；聚类 3# 交通安全；聚类 4# 交通伤害；聚类 5# 安全氛围与安全文化；聚类 6# 安全科学与管理。

---

　　① J. Reason. Managing the Risks of Organizational Accidents. Ashgate, Hampshire, England. 1997.

　　② J. Reason. Human Error.Cambridge University Press. 1990.

　　③ Slovic, P. Perception of risk ［J］.Science, 1987, 236（4799）: 280-285.

　　④ Rasmussen, J. Risk management in a dynamic society: a modelling problem ［J］. Safety Science, 1997, 27（2-3）:183-213.

　　⑤ Beck, U. Risk society: Towards a new modernity. Trans. M. Ritter. London: Sage. 1992（Original work published 1982）.

　　⑥ Zohar, D. Safety climate in industrial organizations: theoretical and applied implications ［J］. Journal of Applied Psychology, 1980, 65（1）:96-102.

　　⑦ Guldenmund, F. W. The nature of safety culture: a review of theory and research ［J］. Safety Science, 2000, 34（1）:215-257.

　　⑧ Kahneman, D., & Tversky, A. Prospect theory: an analysis of decision under risk ［J］. Econometrica, 1979, 47（2）:263-291.

　　⑨ Ajzen, I. The theory of planned behavior ［J］. Organizational Behavior & Human Decision Processes, 1991, 50（2）:179-211.

　　⑩ Lord, D., & Mannering, F. The statistical analysis of crash-frequency data: a review and assessment of methodological alternatives ［J］. Transportation Research Part A Policy & Practice, 2010, 44（5）: 291-305.

表 4-5 安全科学文献的共被引聚类中的高被引文献

Table 4-5 High cited references from co-citation network in each cluster

聚类名称	（被引频次）代表文献
聚类 1# 可靠性研究	（137）L. A. Zadeh, 1965, *Inform Control* （132）M. Rausand, 2004, *System Reliability T* （130）W. Q. Meeker, 1998, *Stat Methods Reliabi* （114）Wang H. Z., 2002, *Eur J Oper Res* （109）A. Lisnianski, 2003, *Multistate System Re*
聚类 2# 风险研究	（264）P. Slovic, 1987, *Science* （200）Ulrich Beck, 1992, *Risk Soc New Moderni* （183）D. Kahneman, 1979, *Econometrica* （171）S. Kaplan, 1981, *Risk Anal* （160）P. Slovic, 2004, *Risk Anal*
聚类 3# 交通安全	（180）I. Ajzen, 1991, *Organ Behav Hum Dec* （149）M. Peden, 2004, *World Report Road Tr* （131）J. Reason, 1990, *Ergonomics* （111）World Health Organization（Ed.）, 2009 （109）L. Aarts, 2006, *Accident Anal Prev*
聚类 4# 交通伤害	（177）D. Lord, 2010, *Transport Res A-Pol* （109）J. C. Milton, 2008, *Accident Anal Prev* （99）E. Hauer, 1997, *Observational Studie* （93）D. Lord, 2005, *Accident Anal Prev* （91）K. M. Kockelman, 2002, *Accident Anal Prev*
聚类 5# 安全氛围与安全文化	（196）D. Zohar, 1980, *J Appl Psychol* （184）F. W. Guldenmund, 2000, *Safety Sci* （167）R. Flin, 2000, *Safety Sci* （134）M. A. Griffin, 2000, *J Occup Health Psychol* （132）A. Neal, 2000, *Safety Sci*
聚类 6# 安全科学与管理	（293）J. Reason, 1997, *Managing Risks Org A* （264）J. Reason, 1990, *Human Error* （238）J. Rasmussen, 1997, *Safety Sci* （171）N. Leveson, 2004, *Safety Sci* （131）E. Hollnagel, 2006, *Resilience Eng Conce*

4.2.2 施引文献聚类分析

本部分根据施引文献的耦合网络对施引文献的进行聚类划分。文献的耦合分析是对当前所采集的施引文献的相似度和聚类的分析，通过文献耦合分析能够了解当前所采集的安全科学文献的分布及这些文献在安全科学领域的引用情况。在进行施引文献的耦合分析之前，对 20432 篇施引文献的被引情况进行分析，见图 4-6。由图中可知，随着被引频次的增加，施引文献的数量在急剧下降，反映高被引论文占有很小的比例。当被引频次等于 50 时，论文量仅有 26 篇。被引频次小于等于 50 时，论文累计量为 19988 篇，占总论文的 97.83%。图中施引文献的引用曲线反映了文献被引用的不平衡性，仅有很少的文献有较高的被引频次，大量文献处于低被引状态。

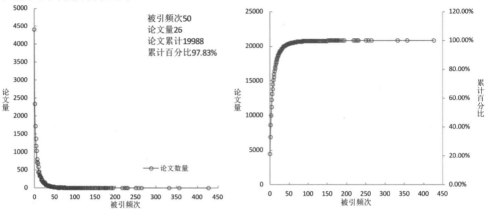

图 4-6　施引文献被引频次—论文量关系图
Fig. 4-6　Correlation between cited frequencies and number of publications

提取被引频次大于等于 50 的文献，进行主题的聚类分析，结果见图 4-7，各聚类中的高频主题见表 4-6。从高被引施引文献的主题分布来看，这些高被引的主题集中在：聚类 1# 故障、可靠性与风险分析；聚类 2# 风险感知与决策；聚类 3# 安全行为与管理；聚类 4# 交通伤害研究；聚类 5# 交通安全。

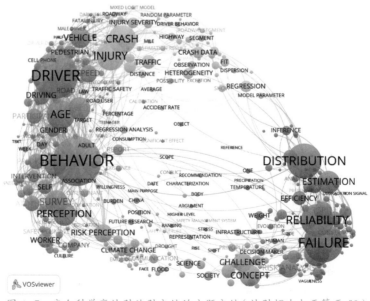

图 4-7　安全科学高被引施引文献的主题文献（被引频次大于等于 50）
Fig. 4-7　Terms cluster map of high cited citing papers

表 4-6 高被引施引文献的主题聚类

Table 4-6 High frequent terms of citing papers in each cluster

聚类名称	主题（频次）
聚类 1# 故障、可靠性与风险分析	Failure（53）、Distribution（48）、Reliability（45）、Case Study（35）、Estimation（31）、Algorithm（25）、Risk Analysis（25）、Maintenance（23）、Efficiency（19）、Product（19）、Simulation（19）。
聚类 2# 风险感知与决策	Concept（29）、Challenge（26）、Risk Perception（25）、Decision Making（19）、Climate Change（16）、Science（14）、Vulnerability（14）、Belief（13）、Communication（13）、Public（13）、Society（13）。
聚类 3# 安全行为与管理	Behavior（68）、Perception（32）、Survey（32）、Sample（31）、Predictor（22）、Attitude（21）、Worker（21）、Self（20）、Company（17）、Intervention（17）、Questionnaire（15）、Report（15）、Safety Climate（14）。
聚类 4# 交通伤害研究	Injury（39）、Crash（38）、Traffic（19）、Crash Data（16）、Intersection（16）、Regression（16）、Heterogeneity（15）、Injury Severity（15）、Countermeasure（13）、Fit（13）、Motor Vehicle Crash（12）、Negative Binomial Model（12）。
聚类 5# 交通安全	Driver（63）、Age（40）、Control（31）、Vehicle（28）、Driving（24）、Speed（24）、Participant（21）、Road（20）、Gender（19）、Pedestrian（18）、Simulator（12）、Young Driver（12）、Alcohol（11）、Skill（11）。

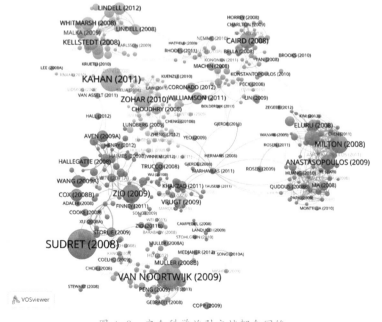

图 4-8 安全科学施引文献耦合网络

Fig.4-8 Bibliographic coupling network of citing papers in safety science

对高被引的施引文献进行耦合分析，得到文献的耦合网络，见图 4-8。在文献耦合网络中，每个节点都代表一篇论文。节点的大小与论文在 Web of Science 中的被引频次成比例，节点越大，论文的被引频次越高。节点与节点之间存在连线，表明两篇文献之间存在耦合关系（图中仅显示了耦合强度大于等于 5 的连线）。

对文献耦合网络中施引文献的时间分布和被引频次进行分析，见图 4-9。图中表明，随着时间的变化，高被引文献的数量呈显著下降的趋势，这是因为早期发表的论文更容易得到较多的引证次数。进一步对每年论文被引次数的平均值进行计算，发现这些论文的年平均被引频次在 57 次以上。从被引频次与出现频次的分布图上得到，随着被引频次的增加，文献的数量在不断下降，这与整个施引文献的被引频次分布是一致的。

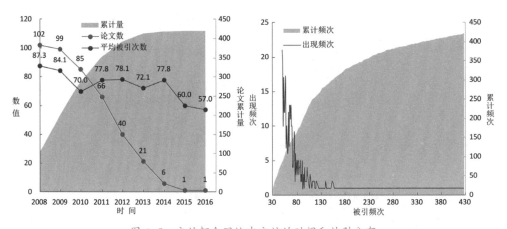

图 4-9　文献耦合网络中文献的时间和被引分布
Fig 4-9　Time and citation distribution of papers in bibliographic coupling network

在耦合网络中被引频次排名前十的论文见表 4-7。这些文献的被引频次都大于 200 次，是施引文献中的高被引文献。这些高被引论文的主题涉及敏感性分析、维修性分析、风险文化、可靠性、安全氛围以及道路交通事故等方面。施引文献的耦合网络聚类显示，国际安全科学 2008—2017 年的高被引研究主要集中在：聚类 1# 风险与可靠性分析；聚类 2# 驾驶员与交通安全；聚类 3# 交通伤害与统计建模；聚类 4# 安全氛围、安全行为与安全管理；聚类 5# 维修性与寿命分析；聚类 6# 风险与灾害感知。各聚类中的高被引文献信息见表 4-8，详细信息见附录 3。

表 4-7 文献耦合网络中的高被引论文

Table 4-7 Top 10 high cited citing papers in the bibliographic coupling network

序号	作者(出版年)	聚类	被引频次	平均被引	期刊	研究主题
1	Sudret(2008)[1]	1	427	42.7	*RESS*	敏感性分析
2	Noortwijk Van(2009)[2]	5	357	39.7	*RESS*	维修性分析
3	Kahan(2011)[3]	6	333	47.6	*JRR*	风险文化认知
4	Zio(2009)[4]	1	265	29.4	*RESS*	可靠性分析
5	Milton(2008)[5]	3	258	25.8	*AAP*	高速路事故
6	Zohar(2010)[6]	4	251	31.4	*AAP*	安全氛围
7	Kellstedt(2008)[7]	6	231	23.1	*RA*	全球变暖与气候变化
8	Caird(2008)[8]	2	228	22.8	*AAP*	手机对驾驶的影响
9	Anastasopoulos(2009)[9]	3	223	24.8	*AAP*	车辆事故建模
10	Savolainen(2011)[10]	3	218	31.1	*AAP*	高速路碰撞伤害

注:被引频次为论文在 Web of Science 中的总被引次数,平均被引频次等于总被引频次除以发表的时长。

[1] Sudret, B. Global sensitivity analysis using polynomial chaos expansions. Reliability Engineering & System Safety, 2008, 93(7), 964-979.

[2] Noortwijk, J. M. V. A survey of the application of gamma processes in maintenance. Reliability Engineering & System Safety, 2009, 94(1), 2-21.

[3] Kahan, D. M., Jenkinssmith, H. C., & Braman, D. Cultural Cognition of Scientific Consensus. Journal of Risk Research, 2011, 14(2), 147-174.

[4] Zio, E.Reliability engineering: old problems and new challenges. Reliability Engineering & System Safety, 2009, 94(2), 125-141.

[5] Milton, J. C., Shankar, V. N., & Mannering, F. L. Highway accident severities and the mixed logit model: an exploratory empirical analysis. Accident Analysis & Prevention, 2008, 40(1), 260-266.

[6] Zohar, D. Thirty years of safety climate research: reflections and future directions. Accident Analysis & Prevention, 2010, 42(5), 1517-1522.

[7] Kellstedt, P. M., Zahran, S., & Vedlitz, A. Personal efficacy, the information environment, and attitudes toward global warming and climate change in the United States. *Risk Anal*ysis, 2008, 28(1), 113-126.

[8] Caird, J. K., Willness, C. R., Steel, P., & Scialfa, C. A meta-analysis of the effects of cell phones on driver performance. Accident; analysis and prevention, 2008, 40(4), 1282.

[9] Pch, A., & Mannering, F. L. A note on modeling vehicle accident frequencies with random-parameters count models. Accident; analysis and prevention, 2009, 41(1), 153.

[10] Savolainen, P. T., Mannering, F. L., Lord, D., & Quddus, M. A. The statistical analysis of highway crash-injury severities: a review and assessment of methodological alternatives. Accident; analysis and prevention, 43(5), 2011, 1666-76.

表 4-8　耦合聚类施引文献列表

Table 4-8　High cited "citing papers" in each cluster

聚类名称	施引文献（出版年份）
聚类 1# 风险与可靠性分析	Sudret（2008）、Zio（2009）、Crestaux（2009）、Cox（2008b）、Wang（2009a）、Aven（2009a）、Hallegatte（2008）、Khakzad（2011）、Storlie（2009）、Ouyang（2014）。
聚类 2# 驾驶员与交通安全	Caird（2008）、Williamson（2011）、Coronado（2012）、Lin（2009）、Machin（2008）、Nasar（2008）、De Winter（2010）、Bella（2008）、Regan（2011）、Borowsky（2010）。
聚类 3# 交通伤害与统计建模	Milton（2008）、Anastasopoulos（2009）、Savolainen（2011）、Eluru（2008）、Ma（2008）、Elvik（2009）、Quddus（2008）、Anderson（2009）、Wier（2009）、Anastasopoulos（2011）。
聚类 4# 安全氛围、安全行为与安全管理	Zohar（2010）、Choudhry（2008）、Aksorn（2008）、Lundberg（2009）、Leveson（2011）、Pousette（2008）、Kines（2010）、Zheng（2012）、Fernandez-Muniz（2009）、Mohaghegh（2009）。
聚类 5# 维修性与寿命分析	Van Noortwijk（2009）、Muller（2008b）、Si（2012）、Peng（2009）、Zio（2011）、Zio（2010）、Nakagawa（2009）、Gebraeel（2008）、Tseng（2009）、Liu（2010b）。
聚类 6# 风险与灾害感知	Kahan（2011）、Kellstedt（2008）、Whitmarsh（2008）、Vrugt（2009）、Lindell（2012）、Wachinger（2013）、Spence（2012）、Malka（2009）、Lindell（2008）、Bubeck（2012）。

4.3　作者维度的知识吸收

对施引文献的参考文献进行作者的共被引分析，选取被引频次大于等于 50 次的作者绘制图谱，共提取了 1071 位作者所组成的作者的共被引图谱，见图 4-10。图中节点的大小代表作者的被引频次，节点越大，则对应作者的被引频次越高。节点之间的距离代表作者之间关系的强弱。节点之间的距离越近，表示作者的共被引关系越强。

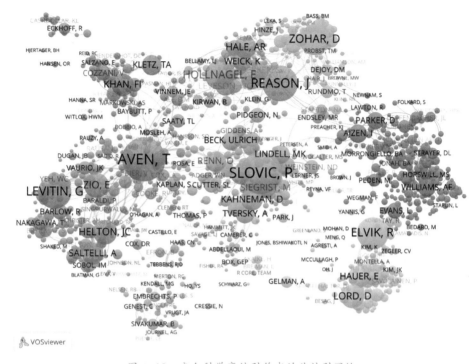

图 4-10　安全科学高被引作者的共被引网络

Fig. 4-10　Co-citation network of high cited authors in safety science

对共被引网络中作者的分布进行研究，结果见图 4-11。左图按照作者被引频次从高到低排序，发现随着作者序号的增大，作者的被引频次呈快速下降的趋势，仅有一小部分作者处于高被引区域。作者的被引频次和出现频数的关系（右图）同样反映了随着作者被引频次的增加，作者的出现频数呈快速下降的趋势。

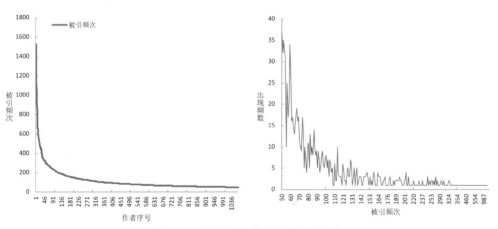

图 4-11　安全科学作者被引频次分布

Fig. 4-11　Authors' citation distribution in safety science

被引频次大于 300 的作者见表 4-9，共得到 51 位满足条件的作者。这些作者主要来自美国（20），占到了所有高被引作者的 40% 以上。然后依次是英国（5）、澳大利亚（4）、荷兰（3）、意大利（3）、丹麦（3）、挪威（3）、德国（2）、加拿大（2）、以色列（2）、日本（1）、法国（1）、瑞典（1）以及瑞士（1）。从作者的研究领域来看，这些高被引的作者更加偏向于安全软科学的研究（如安全文化、安全与风险管理等），而研究传统安全工程类（如煤矿、火灾等）的学者的数量很少。这反映了主流安全科学研究实际上更加偏向于软科学的研究，也反映了安全科学领域软科学的影响力要比传统安全科学的影响力大。

表 4-9　安全科学研究高被引作者

Table 4-9　High cited authors in safety science

序号	被引作者	被引频次	国家 / 地区	机构名称	研究方向
1	T. Aven	1529	挪威	斯塔万格大学	可靠性、安全、风险分析
2	P. Slovic	1445	美国	俄勒冈大学	风险分析
3	J. Reason	1144	英国	曼彻斯特大学	心理学、人的因素
4	G. Levitin	1049	以色列	以色列电力公司	可靠性分析
5	R. Elvik	987	挪威	交通经济研究所	事故、安全分析
6	D. Zohar	917	以色列	以色列理工学院	安全氛围、行为
7	E. Hollnagel	837	丹麦	南丹麦大学	安全与事故分析
8	E. Zio	676	法国	巴黎萨克雷大学	可靠性与系统安全
9	J. C. Helton	660	美国	桑迪亚国家实验室	可靠性与复杂系统安全
10	D. Lord	653	美国	德州农工大学	交通事故分析
11	F. I. Khan	601	加拿大	纽芬兰纪念大学	工业过程安全
12	A. R. Hale	592	荷兰	代尔夫特理工大学	安全管理与事故分析
13	E. Hauer	579	加拿大	多伦多大学	交通事故分析
14	A. Saltelli	569	意大利	欧洲委员会联合研究中心	可靠性与系统安全
15	D. Kahneman	554	美国	斯坦福大学	数量经济学（前景理论）
16	O. Renn	538	德国	斯图加特大学	风险感知与沟通
17	J. Rasmussen	535	丹麦	奥尔堡大学	安全与风险分析
18	M. Siegrist	520	瑞士	苏黎世联邦理工学院	风险感知与沟通
19	T. A. Kletz	509	美国	德州农工大学	过程安全分析
20	M. A. Abdel Aty	493	美国	中佛罗里达大学	事故统计建模
21	N. G. Leveson	492	美国	麻省理工大学	系统安全分析
22	M. K. Lindell	480	美国	德州农工大学	风险感知
23	B. Fischhoff	474	美国	卡耐基梅隆大学	风险沟通
24	L. Sjoberg	464	瑞典	斯德哥尔摩经济学院	风险感知

（续表）

序号	被引作者	被引频次	国家/地区	机构名称	研究方向
25	K. Weick	460	美国	密歇根大学	灾害、不确定性等分析
26	A. Tversky	456	美国	斯坦福大学	风险与不确定性分析
27	I. Ajzen	449	美国	麻省大学	组织行为分析
28	Ulrich Beck	441	德国	慕尼黑大学	风险社会研究
29	S. Dekker	438	澳大利亚	格里菲斯大学	人的因素与安全管理
30	A. F. Williams	429	美国	阿灵顿公路安全保险研究所	交通安全与事故分析
31	D. Parker	406	英国	曼彻斯特大学	驾驶员行为研究
32	W. K. Viscusi	386	美国	范德堡大学	风险与不确定性分析
33	M. Douglas	368	英国	伦敦大学	风险文化、人类社会学
34	A. Hopkins	357	澳大利亚	澳大利亚国立大学	安全管理与指标研究
35	L. Evans	354	美国	通用汽车公司研究所	交通安全
36	V. Cozzani	352	意大利	博洛尼亚大学	工业过程灾害、风险分析
37	E. Borgonovo	351	意大利	博科尼大学	风险与可靠性分析
38	R. Barlow	349	美国	西尔韦尼亚电子防御实验室	数理统计、运筹、可靠性
39	N. Khakzad	338	荷兰	代尔夫特理工大学	贝叶斯网络与风险可靠性分析
40	N. Pidgeon	336	英国	卡迪夫大学	风险感知与沟通
41	D. Lupton	335	澳大利亚	堪培拉大学	风险与健康研究
42	R. Flin	330	英国	阿伯丁大学	安全文化、氛围研究
43	S. L. Cutter	328	美国	南卡罗来纳大学	灾害风险分析
44	T. Nakagawa	327	日本	爱知工业大学	可靠性、维修性分析
45	A. Neal	327	澳大利亚	昆士兰大学	安全文化与职业安全
46	Y. Y. Haimes	324	美国	弗吉尼亚大学	系统安全与风险分析
47	N. D. Weinstein	324	美国	罗格斯大学	风险管理与感知
48	D. A. Hofmann	319	美国	北卡罗来纳大学	安全氛围、行为、职业安全
49	S. Kaplan	314	丹麦	丹麦技术大学	交通伤害与安全分析
50	G. L. L. Reniers	309	荷兰	代尔夫特理工大学	化工过程与安全博弈
51	K. Mearns	305	挪威	卑尔根大学	安全氛围与文化

注：在进行作者的共被引分析时，由于在参考文献的作者字段往往采用的不是全名，因此在识别我国相关学者时存在很大的难度。比如作者 Li J., Zhang W. 等很难确定具体的作者是谁。因此，在研究中过滤了我国不能被识别的作者，所以表中所呈现的结果以外国的作者为主。

网络聚类结果显示，以若干高被引学者为核心形成了安全科学的不同研究方向，分别为：聚类 1# 交通安全与行为分析；聚类 2# 风险感知与风险沟通；聚类 3# 可靠性与系统安全分析；聚类 4# 交通事故分析；聚类 5# 风险分析与量化建模；聚类 6# 安全氛围与安全文化；聚类 7# 安全管理系统与事故分析；聚类 8# 过程安全分析；聚类 9# 环境风险与灾害评价。各聚类中的高被引作者，见表 4-10。

表 4-10　安全科学各聚类高被引作者
Table 4-10　High cited authors of safety science in each cluster

聚类名称	高被引作者（被引频次）
聚类 1# 交通安全与行为分析	I. Ajzen（449）、A. F. Williams（429）、D. Parker（406）、L. Evans（354）、T. Lajunen（272）、M. Peden（272）。
聚类 2# 风险感知与风险沟通	P. Slovic（1445）、D. Kahneman（554）、O. Renn（538）、M. Siegrist（520）、M. K. Lindell（480）、B. Fischhoff（474）、L. Sjoberg（464）、A. Tversky（456）、Ulrich Beck（441）、W. K. Viscusi（386）、M. Douglas（368）、N. Pidgeon（336）、D.Lupton（335）、S. L. Cutter（328）、N. D. Weinstein（324）。
聚类 3# 可靠性与系统安全分析	G. Levitin（1049）、E. Zio（676）、R. Barlow（349）、T. Nakagawa（327）、J. K. Vaurio（298）。
聚类 4# 交通事故分析	R. Elvik（987）、D. Lord（653）、E. Hauer（579）、M. A. Abdel Aty（493）、V. Shankar（294）。
聚类 5# 风险分析与量化建模	T. Aven（1529）、J. C. Helton（660）、A. Saltelli（569）、E. Borgonovo（351）、Y. Y. Haimes（324）、S. Kaplan（314）。
聚类 6# 安全氛围与安全文化	D. Zohar（917）、R. Flin（330）、A. Neal（327）、D. A. Hofmann（319）、K. Mearns（305）。
聚类 7# 安全管理系统与事故分析	J. Reason（1144）、E. Hollnagel（837）、A. R. Hale（592）、J. Rasmussen（535）、N. G. Leveson（492）、K. Weick（460）、S. Dekker（438）、A. Hopkins（357）。
聚类 8# 过程安全分析	F. I. Khan（601）、T. A. Kletz（509）、V. Cozzani（352）、N. Khakzad（338）、G. L. L. Reniers（309）。
聚类 9# 环境风险与灾害评价	B. Sivakumar（228）、P. Embrechts（204）、Gep Box（162）、H. Akaike（159）、G. Christakos（157）。

4.4　本章小结

著名科学家牛顿曾说："我之所以比别人看得远一些，是因为我站在巨人的肩膀上。"科学研究是在一代又一代学者的积累、传承和发展中向前推进的，没有任何科学发现是凭空而来的，安全科学的研究和发展也是如此。

本章从期刊、文献和作者三个维度绘制了安全科学的知识吸收地图。

（1）期刊维度的知识吸收反映了安全科学引用的知识在分布上是高度集中的。少数期刊为安全科学研究提供了主要的知识源。安全科学知识的吸收以安全领域内的期刊为主（如《事故分析与预防杂志》《可靠性工程与系统安全》《安全科学》《风险分析》等都是施引期刊），还包含《有害物质杂志》《交通研究记录》《交通研究—F 心理与行为》《欧洲运筹学报》等期刊。通过共被引网络聚类，得到安全科学所引用的期刊的分类主要有：聚类 1# 可靠性与系统安全；聚类 2# 工业过程安全与环境；聚类 3# 风险与灾害分析；聚类 4# 交通安全与伤害研究；聚类 5# 经济管理中的风险研究；聚类 6# 环境风险分析；聚类 7# 职业安全心理、管理等研究；聚类 8# 公共卫生与医学研究；聚类 9# 职业人机工程学。

（2）在文献维度的分析上，分别从文献的共被引网络和文献的耦合网络两个维度对高被引的参考文献和施引文献进行分析。在安全科学研究中，高被引文献中包含了大量安全科学领域的经典著作，统计、数据等方法性的著作以及安全科学期刊论文。这些文献组成的聚类反映了 2008—2017 年安全科学的研究前沿集中在：聚类 1# 可靠性研究；聚类 2# 风险研究；聚类 3# 交通安全；聚类 4# 交通伤害；聚类 5# 安全氛围与安全文化；聚类 6# 安全科学与管理。这些高被引论文构成了安全科学的研究基础。而高被引论文组成的聚类反映了安全科学研究的前沿领域。施引文献的聚类分析反映了安全科学研究的知识输出，这种"输出"也更多地输出到了安全领域本身。施引文献的聚类反映了 2008—2017 年安全科学具有高影响力的领域主要分布在：聚类 1# 故障、可靠性与风险分析；聚类 2# 风险感知与决策；聚类 3# 安全行为与管理；聚类 4# 交通伤害研究；聚类 5# 交通安全。

（3）在作者维度上，安全科学以及相关领域的作者为安全科学研究提供了大量的智力支持，这些作者在 2008—2017 年也获得了较高的被引频次。高被引作者包含 T. Aven、P. Slovic、J. Reason、G. Levitin、R. Elvik、D. Zohar、E. Hollnagel、E. Zio、J. C. Helton 以及 D. Lord 等人，并形成了以安全软科学研究为主的高被引作者群。对高被引作者进行聚类，得到安全科学研究在作者维度吸收的知识主要来源于：聚类 1# 交通安全与行为分析；聚类 2# 风险感知与风险沟通；聚类 3# 可靠性与系统安全分析；聚类 4# 交通事故分析；聚类 5# 风险分析与量化建模；聚类 6# 安全氛围与安全文化；聚类 7# 安全管理系统与事故分析；聚类 8# 过程安全分析；聚类 9# 环境风险与灾害评价。

05

第五章

中国安全科学
学术地图

5.1　国际安全科学论文的产出与合作主题地图

5.1.1　中国安全科学论文的产出与合作

2008—2017 年我国学者在国际安全科学期刊（23 种样本期刊）中的总发文量是 2552 篇，随着时间的推进，论文量呈增长的趋势。与国内的论文产出相比，国际论文量显著低于国内论文量。图 5-1 显示了我国在国内和国际安全科学期刊上发表论文的时序和累计情况。

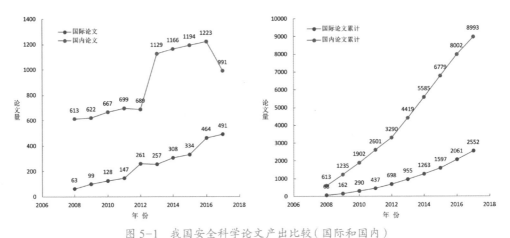

图 5-1　我国安全科学论文产出比较（国际和国内）

Fig.5-1　Comparison of international and domestic papers of China

中国发表安全科学国际论文的期刊的耦合关系见图 5-2。图中节点的大小代表我国学者在相应期刊上发表的论文数量的多少，子标签表示发表论文的具体数量。结果表明，我国学者发表的国际论文主要刊载在期刊 *SERRA*（378 篇）、*JLPPI*（371 篇）、*RESS*（346 篇）、*SS*（332 篇）、*AAP*（254 篇）、*ITR*（244 篇）、*PSEP*（184 篇）以及 *PIMEPO-JRR*（106 篇）上。从发表论文的平均时间来看，近些年来我国安全科学研究的成果主要刊载在期刊 *RM-JRCD*、*IJDRR*、*JRU*、*PIMEPO-JRR* 和 *JLPPI* 上。

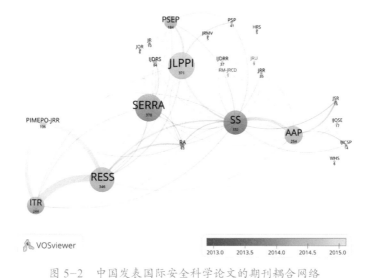

图 5-2 中国发表国际安全科学论文的期刊耦合网络

Fig. 5-2 Journals' bibliographic coupling network of international papers of China

中国学者与 55 个国家 / 地区建立了合作关系，与中国合作发文大于等于 20 篇的国家 / 地区之间的合作网络见图 5-3。在国际合作中，与中国大陆合作关系最为密切的国家 / 地区有美国（437 篇）、加拿大（124 篇）、澳大利亚（111 篇）、英格兰（86 篇）、以色列（66 篇）、挪威（46 篇）、日本（43 篇）、新加坡（42 篇）、法国（38 篇）和中国台湾（31 篇）。

图 5-3 中国发表国际论文的国家 / 地区合作网络

Fig. 5-3 Countries / Regions collaboration network of Chinese international papers

　　中国发表国际论文的机构合作网络如图 5-4。与中国发表国际论文排名前十位的机构分别为中国科学院（155 篇）、清华大学（141 篇）、电子科技大学（125篇）、北京师范大学（111 篇）、北京理工大学（96 篇）、香港城市大学（90 篇）、中国矿业大学（86 篇）、同济大学（76 篇）、北京航空航天大学（72 篇）以及东南大学（70 篇）。机构合作网络中最强的五对关系分别为：电子科技大学—以色列电力公司（57 篇）、电子科技大学—马萨诸塞大学（30 篇）、中国科学院—中国科学院大学（22 篇）、华北电力大学—加拿大里贾纳大学（18 篇）以及北京师范大学—中国科学院（12 篇）。

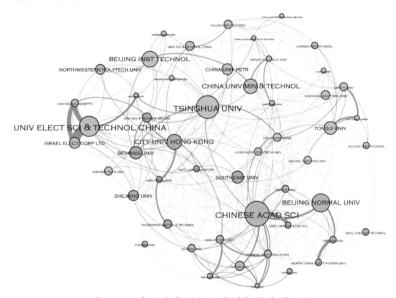

图 5-4　中国发表国际论文的机构合作网络

Fig. 5-4　Institutions' collaboration network of Chinese international papers

　　作者层面的合作密度图见图 5-5。在合作密度图中，作者的标签越大，表明作者发表的论文越多。作者发表的论文越多，周围作者的数量越多，则作者的密度越大（在地图中越接近红色）。从图中可知，我国的高产作者分别为 Xing Liudong、Dai Yuanshun、Shi Peijun、Jiang Juncheng、Huang Hongzhong、Lu Zhenzhou、Huang Helai、Wang Wei、Zhang Qi 以及 Cui Lirong。来自以色列的访问学者 Gregory Levitin 以电子科技大学为第一单位或者合作单位发表了 62 篇论文，在所有作者中排名第一。在作者的合作地图中，以 Gregory Levitin、Huang Hongzhong、Lu Zhenzhou、Zhang Qi、Shi Peijun、Zhang Qiang、Huang Helai、Jiang Juncheng 以及 Zhang Laibin 等作者为核心形成了若干合作团队，这些合作团队是我国参与国际安全科学研究的核心团队。

图 5-5　中国发表国际论文的作者合作密度图

Fig. 5-5　Authors' collaboration density map of Chinese international papers

5.1.2　中美安全科学合作主题地图

中国和美国合作发表的安全科学论文有 427 篇，这些论文主要发表在期刊 *AAP*（87 篇）、*SERRA*（76 篇）、*RESS*（71 篇）、*ITR*（68 篇）、*SS*（28 篇）和 *JLPPI*（22 篇）上。中美合作论文的高频主题词为系统（155）、中国（103）、可靠性（72）、故障（61）、例子（60）、部件（59）、问题（56）、特征（53）、算法（48）、撞车（46）、工作（41）、操作（36）、优点（35）、状态（35）以及司机（33）。进一步对中美合作论文进行主题聚类分析，见图 5-6。各聚类中的高频主题见表 5-1。结

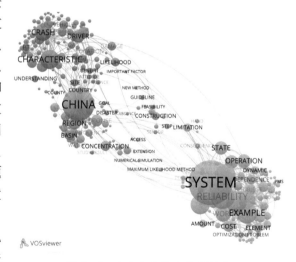

图 5-6　中美合作论文主题聚类

Fig. 5-6　Terms cluster map of China-USA joint papers

果显示，中国和美国合作的论文主要在三大领域，分别为：聚类 1# 交通安全；聚类 2# 系统安全与可靠性；聚类 3# 环境灾害与风险分析。

表 5-1　中美合作论文各聚类高频主题

Table 5-1　High frequency terms of China–USA joint papers in each cluster

聚类名称	主题（频次）
聚类 1# 交通安全	Characteristic（53）、Crash（46）、Driver（33）、Feature（27）、Speed（27）、Correlation（23）、Crash Data（22）、Location（22）、Traffic（21）、Vehicle（21）。
聚类 2# 系统安全与可靠性	System（155）、Reliability（72）、Failure（61）、Component（59）、Problem（56）、Algorithm（48）、Work（41）、Operation（36）、Advantage（35）、State（35）、Cost（27）。
聚类 3# 环境灾害与风险分析	China（103）、Region（30）、Response（29）、Concentration（24）、Basin（23）、Scale（22）、Variation（22）、Ratio（20）、Temperature（20）、Construction（19）。

5.1.3　安全科学引用期刊地图

中国安全科学学者发表的国际论文所引用的期刊反映了我国国际安全科学研究的知识来源。通过期刊的共被引分析，提取我国安全科学研究所引用的安全科学期刊，主要引用的十大期刊为《可靠性工程与系统安全》《事故分析与预防杂志》《IEEE 可靠性汇刊》《工业过程损失预防》《安全科学》《随机环境研究与风险评估》《有害物质杂志》《水文学杂志》《欧洲运筹学报》以及《风险分析》。对期刊的共被引网络进行聚类，得到我国安全科学研究的主要知识来源，见图 5-7和表 5-2。我国学者发表国际安全科学论文主要引用的期刊可以划分为四类，分

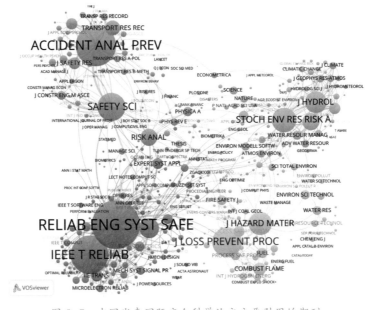

图 5-7　中国发表国际安全科学论文主要引用的期刊

Fig. 5-7　Journals co-citation network of international papers of China in safety science

别为：聚类 1# 可靠性与系统安全；聚类 2# 灾害与环境风险分析；聚类 3# 安全与风险分析；聚类 4# 工业过程、火灾与爆炸研究。

表 5–2　中国发表国际安全科学论文主要引用的期刊分类及频次

Table 5–2　High cited journals of international papers of China in each cluster

聚类名称	期刊（被引频次）
聚类 1# 可靠性与系统安全	*Reliab Eng Syst Safe*（3943）、*IEEE T Reliab*（2645）、*Eur J Oper Res*（906）、*IIE Trans*（379）、*Expert Syst Appl*（339）、*Technometrics*（287）、*Struct Saf*（284）、*Comput Ind Eng*（244）、*Mech Syst Signal Pr*（230）、*Microelectron Reliab*（197）。
聚类 2# 灾害与环境风险分析	*Stoch Env Res Risk A*（1268）、*J Hydrol*（1021）、*Water Resour Res*（695）、*Hydrol Process*（350）、*Nat Hazards*（267）、*Water Resour Manag*（250）、*Environ Modell Softw*（202）、*Science*（201）、*Atmos Environ*（194）、*J Geophys Res-Atmos*（192）。
聚类 3# 安全与风险分析	*Accident Anal Prev*（2987）、*Safety Sci*（1587）、*Risk Anal*（708）、*Transport Res Rec*（567）、*J Safety Res*（390）、*Transport Res F-Traf*（367）、*Physica A*（255）、*J Constr Eng M Asce*（247）、*Ergonomics*（186）、*J Appl Psychol*（177）。
聚类 4# 工业过程、火灾与爆炸研究	*J Loss Prevent Proc*（1748）、*J Hazard Mater*（1150）、*Combust Flame*（434）、*Process Saf Environ*（344）、*Fuel*（296）、*Fire Safety J*（284）、*Environ Sci Technol*（254）、*Process Saf Prog*（253）、*Water Res*（250）、*Int J Hydrogen Energ*（186）。

5.2　国内安全科学论文的产出合作与主题地图

2015 年 4 月，荷兰莱顿大学科学技术元勘中心（Center for Science and Technology Studies）的学者在英国《自然》杂志上发表《关于科研指标的莱顿宣言》[①] 一文，给出了规范科研评估的十大原则，其中一项原则就是"保护本土化的卓越研究"，反映了长期以来仅通过以英文论文为主的 Web of Scinece 来评估科学研究成果的局限性。由于前面所使用的安全科学数据都来源 Web of Science 数据库，且都以英文发表，但我国国内的安全科学研究是分析我国安全科学研究的最重要的数据源之一，所以本部分除了分析我国学者所发表的国际期刊论文以外，还重点分析国内具有高影响力的安全科学期刊论文、会议论文以及博士学位论文。

5.2.1　安全科学论文产出与合作

为了保证数据的质量，在中文数据的选择上，使用 CSCD 数据库来进行数据检索（未被 CSCD 数据库收录的数据不在本研究的分析范围内）。2018 年 3 月 21

109

---

① Hicks, D., Wouters, P., Waltman, L., De, R. S., & Rafols, I. Bibliometrics: the leiden manifesto for research metrics. Nature, 2015, 520（7548）, 429.

日，从 CSCD 数据库获取《中国安全科学学报》（2008—2017 年）上发表的 3360 篇论文，《中国安全生产科学技术》（2013—2017 年）上发表的 1527 篇论文，以及《安全与环境学报》（2008—2017 年）上发表的 3721 篇论文，见表 5-3。在年均产出上，《中国安全生产科学技术》以 382 篇排名第一。在期刊的被引方面，《中国安全科学学报》的被引频次为 7038 次，篇均为 2.09 次，排在第一位。从 H 指数角度来看，《安全与环境学报》的 H 指数最高，达到了 22，表明该期刊在 2008—2017 年所刊载的论文中至少有 22 篇被引用了 22 次。《中国安全科学学报》的 H 指数为 15，《中国安全生产科学技术》为 8，都小于《安全与环境学报》的 H 指数。

表 5-3　三种安全科学中文期刊样本数据分布

Table 5-3　Data sample from three Chinese safety sciene journals

序号	期刊	收录时间	论文量	占比	年均产出	被引频次	篇均被引	H 指数
1	*CSSJ*	2008—2017	3360	37%	336	7038	2.09	15
2	*JSCT*	2013—2017	1912	21%	382	1527	0.80	8
3	*JSE*	2008—2017	3721	41%	372	5980	1.61	22
4	三种期刊总计	2008—2017	8993	100%	—	14545	1.62	24

　　注：截止数据检索，*CSSJ* 被 CSCD 收录的论文仅收录到 2017 年的第 9 期（全年 12 期），*JSCT* 的论文 2017 年被 CSCD 收录到第 11 期（全年 12 期），*JSE* 2017 年的论文被 CSCD 收录到第 5 期（全年 6 期）。*CSSJ* 代表《中国安全科学学报》，*JSCT* 代表《中国安全生产科学技术》，*JSE* 代表《安全与环境学报》。

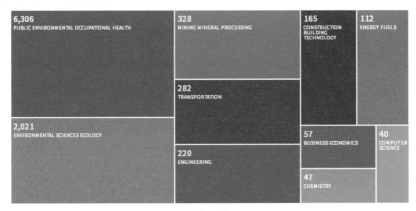

图 5-8　中国安全科学论文的研究方向

Fig. 5-8　Research area distribution of Chinese safety science

　　从研究领域的分布来看，我国安全科学产出的论文在 CSCD 数据库中分布在 49 个研究方向，图 5-8 展示了我国安全科学论文产出排名前十的研究方向。排在首位的是公共环境与职业健康（Public Environmental Occupational Health，6306 篇），随后依次是环境科学与生态学（Environmental Sciences Ecology，2021 篇）、采矿与选矿（Mining Mineral Processing，328 篇）、交通（Transportation，282 篇）、工程（Engineering，220 篇）、建筑施工技术（Construction Building Technology，165 篇）、能源燃料（Energy Fuels，112 篇）、商业经济（Business Economics，57 篇）、化学（Chemistry，47 篇）以及计算机科学（Computer Science，40 篇）。反映了安全科学研究与健康、环境以及特定行业（如煤矿、交通、工程以及施工等）的研究密不可分。

　　三种安全科学中文核心期刊刊载论文的时间分布见图 5-9（左图），三种期刊总计发文时间分布见图 5-9（右图）。从图中可得，《安全与环境学报》2008—2016 年的论文量呈明显增长的趋势。论文量从 2008 年产出 260 篇，增长到了 2016 年的 467 篇。从整个时间分布上来看，《安全与环境学报》在 2011 年的发文量首次超过了《中国安全科学学报》，并在后续几年中一直保持在前列。《中国安全科学学报》和《中国安全生产科学技术》的发文量在年度分布上变化不大。从 2014 年开始，3 种期刊的年产出量的排名始终为《安全与环境学报》《中国安全生产科学技术》和《中国安全科学学报》。3 种期刊论文的累计分析结果如图 5-9（右图）。2008—2012 年三种期刊的论文量总计实际是《安全与环境学报》和《中国安全科学学报》的论文总和。《中国安全生产科学技术》2013 年开始被 CSCD 收录，2013—2016 年三种期刊的论文数据量合计年产出达到了 1000 篇以上。

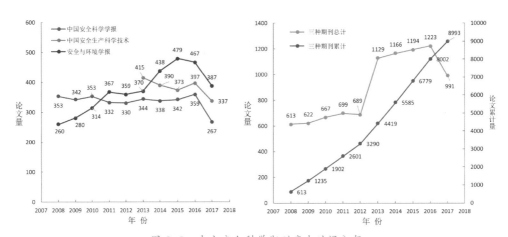

图 5-9　中文安全科学期刊产出时间分布

Fig.5-9　Annual trend of Chinese safety science journals' outputs

　　图 5-10（左图）为按照论文量排序的机构论文产出分布图，从图中可以明显地看出，我国安全科学研究的高产机构很少，大量的安全科学机构所发表的论文量处在很低的水平。国内安全科学发文量大于 100 篇的机构分布见图 5-10（右图）。排在前十位的机构分别为辽宁工程技术大学（720 篇）、中南大学（485 篇）、中国矿业大学（363 篇，其中北京校区 244 篇，徐州校区 119 篇）、河南理工大学

（349 篇）、中国安全生产科学研究院（267 篇）、安徽理工大学（228 篇）、中国石油大学（228 篇，其中北京校区 95 篇，山东校区 133 篇）、北京理工大学（221 篇）、中国民航大学（210 篇）以及西南交通大学（185 篇）。在这些机构中，辽宁工程技术大学、中南大学、中国矿业大学、河南理工大学、安徽理工大学的研究带有明显的煤矿安全工程技术特征。其他高产机构也带有明显的行业特征，如北京理工大学主要在火灾与爆炸方面占有优势；中国民航大学在民用航空方面有明显的研究优势；西南交通大学在交通和物流安全方面优势突出。在这些高产机构中，中国安全生产科学研究院是唯一的非高校机构，该机构作为安全科学领域的全国综合性安全研究机构，承担国家重点行业安全问题研究的重任，是我国最为核心的非高校安全科学研究机构。

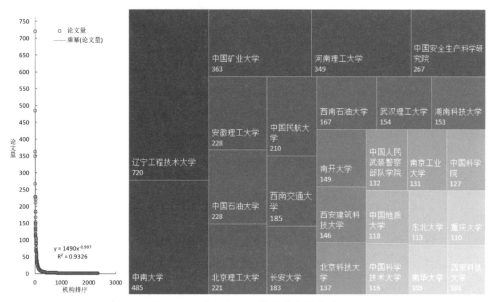

图 5-10　中国安全科学高产机构分布

Fig. 5-10　Outputs distribution of Chinese institutions in safety science

　　从三种安全科学期刊中，提取参加全国第四轮安全科学与工程学科评估[①]的高校论文，高校的信息及产出情况见表 5-4。参加评估的这些高校大部分排在安全科学论文产出的前列且具有煤炭类研究或煤研究背景，此外，研究火灾、爆炸以及石油化工等方面的高校也占有一定比例。

---

① 全国第四轮学科评估结果出炉 [EB / OL].[2018-12-28]http://news.sciencenet.cn/htmlnews/2017/12/398526.shtm

表 5-4　参加全国第四轮学科评估的安全科学与工程的高校产出

Table 5-4　Outputs of Chinese universities in the fourth round safety science and engineering disciplines assessment

编号	评估等级	学校代码	学校名称	省	市	论文量
1	A+	10290	中国矿业大学	江苏省	徐州市	119
2	A+	10358	中国科学技术大学	安徽省	合肥市	116
3	A-	10533	中南大学	湖南省	长沙市	485
4	A-	10460	河南理工大学	河南省	焦作市	349
5	A-	10704	西安科技大学	陕西省	西安市	101
6	B+	10007	北京理工大学	北京市	北京市	221
7	B+	10008	北京科技大学	北京市	北京市	137
8	B+	11414	中国石油大学	山东省	青岛市	133
9	B+	10291	南京工业大学	江苏省	南京市	131
10	B+	10003	清华大学	北京市	北京市	72
11	B	10147	辽宁工程技术大学	辽宁省	阜新市	720
12	B	10361	安徽理工大学	安徽省	淮南市	228
13	B	10611	重庆大学	重庆市	重庆市	110
14	B	10491	中国地质大学	北京市	北京市	73
15	B	10424	山东科技大学	山东省	青岛市	32
16	B-	10497	武汉理工大学	湖北省	武汉市	154
17	B-	10145	东北大学	辽宁省	沈阳市	113
18	B-	10004	北京交通大学	北京市	北京市	95
19	B-	10488	武汉科技大学	湖北省	武汉市	42
20	B-	10112	太原理工大学	山西省	太原市	34
21	C+	10059	中国民航大学	天津市	天津市	210
22	C+	10534	湖南科技大学	湖南省	湘潭市	153
23	C+	10555	南华大学	湖南省	衡阳市	105
24	C+	10561	华南理工大学	广东省	广州市	87
25	C+	10288	南京理工大学	江苏省	南京市	65
26	C+	10010	北京化工大学	北京市	北京市	47
27	C	10110	中北大学	山西省	太原市	54

（续表）

编号	评估等级	学校代码	学校名称	省	市	论文量
28	C	10141	大连理工大学	辽宁省	大连市	46
29	C	10251	华东理工大学	上海市	上海市	22
30	C	10143	沈阳航空航天大学	辽宁省	沈阳市	14
31	C	10219	黑龙江科技大学	黑龙江省	哈尔滨市	6
32	C-	10674	昆明理工大学	云南省	昆明市	91
33	C-	10148	辽宁石油化工大学	辽宁省	抚顺市	40
34	C-	10292	常州大学	江苏省	常州市	38
35	C-	10426	青岛科技大学	山东省	青岛市	20
36	C-	10459	郑州大学	河南省	郑州市	18

注：评估等级相同的高校排序不分先后，按学校代码排列。

在《中国安全科学学报》发文的高产作者中，中南大学安全科学学科理论研究学者吴超以 74 篇的发文量排名第一位，随后是华南理工大学的陈国华（38篇），中国矿业大学（北京）的傅贵（33 篇），湖南科技大学的施式亮（25 篇），辽宁工程技术大学的李乃文（23 篇），中国矿业大学（北京）的佟瑞鹏（22 篇），国家安全监管总局职业健康司的吴宗之（21 篇），中国石油大学（北京）的张来斌（20篇），中国地质大学（北京）的罗云（19 篇），三峡大学的陈述（18 篇）以及东北大学的许开立（18 篇）。在《中国安全生产科学技术》上发表论文排名第一的仍为中南大学的吴超（33 篇），后面依次是西南石油大学的姚安林（21 篇），辽宁工程技术大学的崔铁军（20 篇），中国石油大学（北京）的樊建春（17 篇），中国石油大学的陈国明（15 篇），中国安全生产科学研究院的史聪灵（15 篇），中国安全生产科学研究院的王如君（15 篇），安徽理工大学的刘泽功（14 篇），辽宁工程技术大学的李乃文（12 篇），安徽理工大学的刘健（12 篇），辽宁工程技术大学的刘剑（12篇）以及安徽理工大学的孟祥瑞（12 篇）。在《安全与环境学报》上发文的高产作者分别是北京理工大学《安全与环境学报》编辑部的李生才（120 篇），《安全与环境学报》编辑部的安莹（54 篇），南开大学的刘茂（45 篇），南京工业大学的蒋军成（35 篇），《安全与环境学报》编辑部的笑蕾（34 篇），北京理工大学的王亚军（27 篇），东北大学的胡筱敏（25 篇），辽宁工程技术大学的马云东（21 篇），中国石油大学的陈国明（20 篇）以及北京工业大学的程水源（20 篇）。

进一步对三种期刊的作者发文进行统计，得到的高产作者有中南大学从事安全科学学科理论研究的学者吴超（123 篇），北京理工大学《安全与环境学报》编辑部进行事故与环境事件统计分析报告研究的李生才（120 篇），南开大学进行公共安全风险评估的刘茂（61篇），《安全与环境学报》编辑部进行安全生产事故统计分析报告研究的安莹（54篇），中国矿业大学进行事故预防科学研究的傅贵（52篇），华南理工大学进行过程装备、化工等安全研究的陈国华（50篇），南京工业大学进行工业过程和化工安全研究的蒋军成（50篇），辽宁工程技术大学进行煤矿安全系统与尾矿等研究的崔铁军（49篇），海洋深水钻井平台安全工程研究的陈国明（47篇）以及中南大学防灾减灾防护与火灾研究的徐志胜（40篇）。

　　这三种期刊的作者合作地图见图5-11。图中标签的大小与作者发表论文的多少成正比，作者的标签越大，发表的论文就越多。作者在二维空间的距离越近，表示作者之间的合作越密切。一个作者位置的周围作者越密集，作者发文越多，则在图上的密度越大。结果显示，以Li Shengcai、Wu Chao、Fu Gui、Chen Guoming、Xu Zhisheng、Liu Mao、Wang Wei、Jiang Juncheng、Zhang Li、Li Naiwen等形成了合作中心。这些合作关系主要反映了这些学者与本单位同事及其硕博研究生的合作。

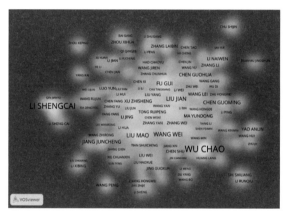

图5-11　中国安全科学学者合作密度图

Fig. 5-11　Density map of Chinese safety science researchers

5.2.2　安全科学主题地图

5.2.2.1　整体主题地图

　　将三种安全科学期刊数据合并，并进行主题可视化分析，最后得到共包含1046个（词频阈值设置为20）主题的聚类图，见图5-12。按照主题之间的紧密程度可以将我国安全科学研究的主题划分为七类，分别为：聚类1# 安全、风险、可靠性分析与评估；聚类2# 安全管理；聚类3# 煤矿安全；聚类4# 污染物处理技术；聚类5# 环境污染与生态研究；聚类6# 安全与环境的实验分析；聚类7# 安全与环境事故统计（该聚类的主题主要来源于期刊*JSE*）。各聚类中所包含的高频主题见表5-5。

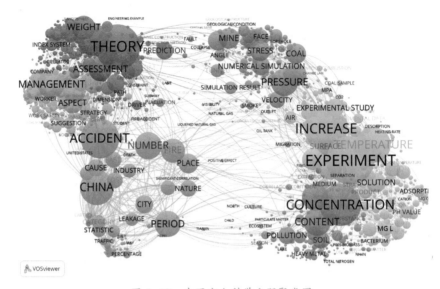

图 5-12　中国安全科学主题聚类图

Fig. 5-12　Terms cluster map of Chinese safety science

表 5-5　中国安全科学研究各聚类高频主题

Table 5-5　High frequency terms of Chinese safety science research in each cluster

聚类名称	主题（频次）
聚类 1# 安全、风险、可靠性分析与评估	Theory（1343）、Evaluation（869）、Weight（598）、Assessment（591）、Algorithm（408）、Probability（407）、Prediction（403）、Reliability（398）、Evaluation Method（302）、Risk Assessment（299）。
聚类 2# 安全管理	Management（704）、Construction（591）、Information（530）、Aspect（514）、Enterprise（416）、Safety Management（350）、Concept（282）、Decision（272）、Suggestion（225）、Strategy（218）。
聚类 3# 煤矿安全	Pressure（706）、Gas（561）、Mine（501）、Stress（485）、Coal（481）、Coal Mine（466）、Numerical Simulation（436）、Velocity（380）、Face（319）、Rock（287）。
聚类 4# 污染物处理技术	Ratio（595）、Amount（517）、Solution（461）、Surface（403）、Reaction（357）、Mg L（336）、Treatment（312）、Min（310）、Product（276）、Ph Value（274）。
聚类 5# 环境污染与生态研究	Concentration（1200）、Content（706）、Water（674）、Soil（399）、Pollution（394）、Plant（313）、Day（266）、Pollutant（256）、Growth（231）、Heavy Metal（191）。
聚类 6# 安全与环境的实验分析	Experiment（1452）、Increase（1263）、Temperature（965）、Experimental Study（421）、Experimental Result（387）、Decrease（318）、Air（259）、Particle（246）、Diameter（242）、Experimental Data（195）。
聚类 7# 安全与环境事故统计	Accident（1134）、China（958）、Number（708）、Period（661）、Fire（600）、Place（478）、City（419）、Cause（399）、Nature（372）、Disaster（368）。

对主题的平均出现时间进行计算，并叠加到主题图中，结果见图5-13。结果显示，我国安全科学研究的主题近年来聚焦在"聚类3# 煤矿安全研究"相关主题上，包含煤体（Coal Body）、限制压力（Confining Pressure）、变异律（Variation Law）、影响规律（Influence Law）、应力场（Stress Field）、岩爆（Rock Burst）、地下管线（Buried Pipeline）、塑性区（Plastic Zone）、流体（Fluid）以及失效机理（Failure Mechanism）。此外，其他聚类中的浓缩倍率（Concentration Rate）、变化规律（Change Law）、重金属污染（Heavy Metal Contaminant）、熵权法（Entropy Weight Method）、含有率（Content Rate）、云模型（Cloud Model）、系统动力（System Dynamic）、幅度（Amplitude）以及结构方程（Structural Equation Modeling）等也是近年来安全科学研究所关注的主题。

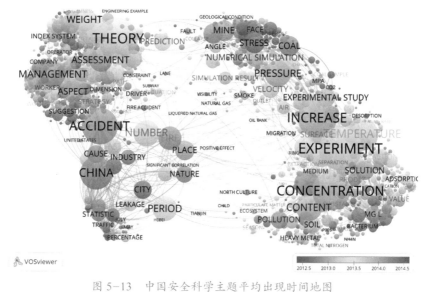

图5-13 中国安全科学主题平均出现时间地图

Fig. 5-13 Distribution of emerging terms of Chinese safety science research

5.2.2.2 期刊主题地图

分别对三种安全科学期刊进行主题分析，见图5-14、图5-15和图5-16。结果显示：这些主题可以分为左右两大部分，分别为安全软科学（涉及管理、评价等）和安全工程技术（涉及煤矿、热、爆炸等）。以下是对三种期刊刊文的主题进行的分析。

在《中国安全科学学报》的主题地图中，围绕高频主题词形成了若干的研究"高地"（密度高）。分别形成了以评价（Evaluation）、权重（Weight）、评估（Assessment）、风险评价（Risk Assessment）、评价方法（Evaluation Method）、评价模型（Evaluation Model）、层次分析法（Analytic Hierarchy Process）以及索引系统（Index System）为核心的安全与风险评价研究；以管理（Management）、方面（Aspect）、企业（Enterprise）、安全管理（Safety Management）、观念（Concept）以及监管（Regulation）为核心的安全管理研究；以矿山（Mine）、预测（Prediction）、煤（Coal）、稳定性（Stability）、数值模拟（Numerical Simulation）、区域（Zone）以及应力（Stress）为核心的矿山安全研究；以速率（Rate）、实验（Experiment）、增加（Increase）、温度（Temperature）、压力（Pressure）以及气体（Gas）等为核心的热与爆炸研究；在主题地图的中间区域还包含了以距离（Distance）、速度（Speed）、驾驶员（Driver）以及车辆（Vehicle）为核心的交通安全的研究。可将《中国安全科学学报》的主题总结为：左侧以安全评价、安全管理（包含行为研究）为主；中间有一小部分关于交通安全的研究；右侧以矿山、热爆炸等研究为主，详见图 5-14。

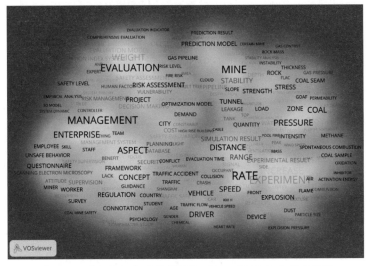

图 5-14 《中国安全科学学报》2008—2017 年主题密度图
Fig. 5-14 Terms density map of *China Safety Science Journal*（2008—2017）

在《中国安全生产科学技术》的主题地图中，形成了以评价（Evaluation）、评估（Assessment）、权重（Weight）、评价方法（Evaluation Method）、索引系统（Index System）、层次分析法（Analytic Hierarchy Process）以及评价模型（Evaluation Model）为核心的安全评价研究；形成了以主题管理（Management）、企业（Enterprise）、安全管理（Safety Management）、建议（Suggestion）以及思想（Idea）为核心的安全管理研究；以增加（Increase）、数值模拟（Numerical Simulation）、浓度（Concentration）、实验研究（Experimental Study）、爆炸（Explosion）、速度（Velocity）以及减少（Decrease）为核心的爆炸研究；以压力（Pressure）、气体（Gas）、煤（Coal）、应力（Stress）、面部（Face）、煤层（Coal

Seam）、岩石（Rock）、变形（Deformation）以及采矿（Mining）等为核心的煤与矿山安全研究。从整体上来看，可以把主题总结为三部分：左侧以安全科学管理与评价研究为主；中间一小部分为安全预测与疏散；右侧的煤、矿山与爆炸等研究，见图5-15。

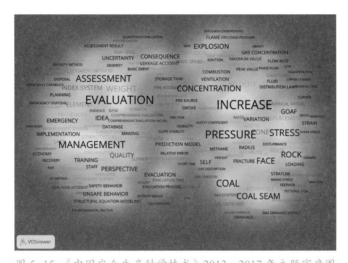

图 5-15　《中国安全生产科学技术》2013—2017 年主题密度图

Fig. 5-15　Terms density map of *Journal of Safety Science and Technology*（2013—2017）

在《安全与环境学报》的主题地图中，共包含 1228 个主题（词频阈值设定为 10）。形成了以理论（Theory）、评价（Evaluation）、安全（Safety）、评估（Assessment）、管理（Management）以及权重（Weight）为核心的安全管理与评价的研究；以时期（Period）、中国（China）、事故（Accident）、地点（Place）、数量（Number）、自然（Nature）、火灾（Fire）以及城市（City）为核心的安全生产事故统计分析的研究；以软件（Software）、速度（Velocity）、矿井（Mine）、数值模拟（Numerical Simulation）、煤矿（Coal Mine）、模拟结果（Simulation Result）、面部（Face）以及岩石（Rock）为核心的安全（如煤矿、爆炸、火灾等）仿真模拟分析；以浓度（Concentration）、实验（Experiment）、温度（Temperature）、溶解（Solution）、毫克/升（MG L）、表面（Surface）、PH 值（PH Value）以及处理（Treatment）为核心的环境实验研究；以容量（Content）、土壤（Soil）、活力（Activity）、植物（Plant）、天（Day）、生长（Growth）、重金属（Heavy Metal）、毒性（Toxicity）以及累积量（Accumulation）为核心的环境与生态科学研究，见图5-16。

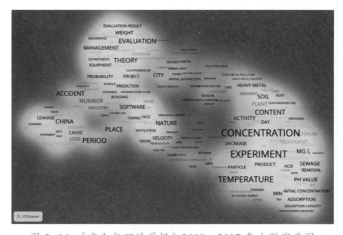

图 5-16 《安全与环境学报》2008—2017 年主题密度图

Fig. 5-16 Terms density map of *Journal of safety and environment*（2008—2017）

5.2.3 安全研究引用期刊地图

对三种安全科学期刊论文所引用的期刊进行共被引分析，结果见图 5-17，为了使得期刊地图的结构更加清晰，图中移除了被引频次最高的三种期刊的信息，包括《中国安全科学学报》《中国安全生产科学技术》以及《安全与环境学报》。图中每个节点都代表一种期刊，节点和标签的大小与期刊的被引频次成正比，节点和标签越大，则期刊的被引频次越高。节点的颜色表示期刊被划分到的不同聚类。各聚类中所包含的高被引期刊，见表 5-6。

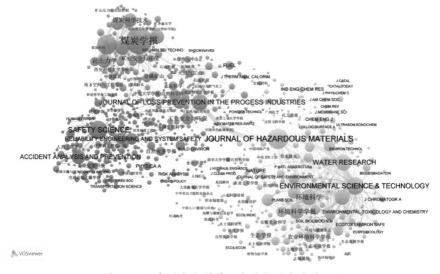

图 5-17 中国安全科学研究的期刊共被引网络

Fig. 5-17 Journals' co-citation network of Chinese safety science

表 5-6　中国安全科学研究各聚类高被引期刊

Table 5-6　High cited journals of Chinese safety science research in each cluster

聚类名称	期刊或出版物名称（被引频次）
聚类 1# 安全、灾害与系统工程	*Safety Science*（1040）、*Accident Analysis and Prevention*（630）、*Reliability Engineering and System Safety*（434）、《系统工程理论与实践》（416）、《安全与环境工程》（291）、《自然灾害学报》（267）、*Journal of Safety Research*（234）、*Physica A*（211）、《灾害学》（198）、《公路交通科技》（196）。
聚类 2# 环境与生态科学	*Environmental Science & Technology*（923）、《环境科学》（742）、*Chemosphere*（682）、《环境科学学报》（624）、*Atmospheric Environment*（449）、《中国环境科学》（376）、《农业环境科学学报》（363）、《生态学报》（352）、《环境科学研究》（349）、*Sci Total Environ*（336）、《环境科学与技术》（323）、*Environmental Pollution*（304）。
聚类 3# 矿业安全	《煤炭学报》（2183）、《岩石力学与工程学报》（1192）、《煤矿安全》（684）、《岩土力学》（594）、《中国矿业大学学报》（587）、《煤炭科学技术》（577）、《采矿与安全工程学报》（504）、《矿业安全与环保》（326）、《岩土工程学报》（291）、《金属矿山》（275）。
聚类 4# 有害物质与水污染处理	*Journal of Hazardous Materials*（1306）、*Water Research*（778）、*Bioresource Technology*（392）、*Water Science and Technology*（288）、《中国给水排水》（281）、《环境工程学报》（276）、*Applied and Environmental Microbiology*（179）、《环境污染与防治》（178）、*Chem Eng J*（139）、*Ind Eng Chem Res*（129）。
聚类 5# 过程安全与火灾爆炸	*Journal of Loss Prevention in the Process Industries*（825）《消防科学与技术》（491）、《工业安全与环保》（447）、*Fire Safety Journal*（438）、《天然气工业》（253）、《火灾科学》（232）、《油气储运》（214）、*Combust Flame*（199）、《化工学报》（166）、《爆炸与冲击》（161）。

从分析结果可知，在国内安全科学研究中，除了《中国安全科学学报》《中国安全生产科学技术》以及《安全与环境学报》之外，中文的高被引期刊还有《煤炭学报》《岩石力学与工程学报》《环境科学》《煤矿安全》《环境科学学报》《岩土力学》《中国矿业大学学报》《煤炭科学技术》《采矿与安全工程学报》以及《消防科学与技术》。高被引的英文期刊主要有《有害物质杂志》（*Journal of Hazardous Materials*）、《安全科学》（*Safety Science*）、《环境科学技术》（*Environmental Science & Technology*）、《工业过程损失预防》（*Journal of Loss Prevention in the Process Industries*）、《水研究》（*Water Research*）、《化学圈》（*Chemosphere*）、《事故分析与预防》（*Accident Analysis and Prevention*）、《大气环境》（*Atmospheric Environment*）、《火灾安全杂志》（*Fire Safety Journal*）以及《可靠性工程与系统安全》（*Reliability Engineering and System Safety*）。通过对各聚类中期刊的分析，将国内安全科学研究所引用的期刊划分为五类，分别为：聚类 1# 安全、灾害与系统工程；聚类 2# 环境与生态科学；聚类 3# 矿业安全；聚类 4# 有害物质与水污染处理；聚类 5# 过程安全与火灾爆炸。

5.2.4　高被引论文及主题

从 CSCD 数据库中获取 2008—2017 年三种安全科学期刊的论文引证报告，提取排名前 500 的论文进行分析。获取的 500 篇论文中，被引频次最低的是 5 次，被引频次最高的是 91 次。在 500 篇论文中，有 270 篇论文来源于《中国安全科学学报》，203 篇论文来源于《安全与环境学报》，27 篇论文来源于《中国安全生产科学技术》。从论文的信息列表可知，《安全与环境学报》的高被引论文中含有大量该刊长期持续刊载的安全与环境事件的统计报告。从论文的整体被引用分布来看（见图 5-18 左图），随着被引频次的增加，论文的数量在急剧减少，反映出大量论文的被引频次比较低。仅有少数论文的被引频次达到了 20 次以上。从论文的时间分布来看（见图 5-18 右图），安全科学领域的高影响论文在 2008 年有 90 篇，处于曲线峰值的位置。由于发表较早的论文有更多时间积累，所以早期发表的论文更容易进入高被引论文的行列。2012 年和 2013 年安全科学的高产论文分别达到了 92 篇和 84 篇，反映了这两年我国安全科学研究的研究论文水平要高于之前的几年。

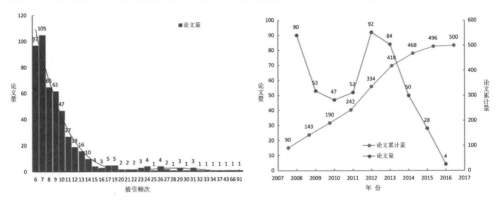

图 5-18　高被引论文引证与年度分布

Fig. 5-18　Citations and annual distribution of high cited publications

对高被引论文的主题进行分析的结果见图 5-19。图中安全与环境方面的高频主题分别为环境工程（Environmental Engineering）、安全工程（Safety Engineering）、事故（Accident）、统计分析（Statistical Analysis）、中国（China）、环境事件（Environmental Events）、统计（Statistics）、层次分析法（Analytic Hierarchy Process）、数值模拟（Numerical Simulation）、环境学（Environmentalology）、不安全行为（Unsafe Behavior）、风险评价（Risk Assessment）、安全科学（Safety Science）、模糊评价（Fuzzy Evaluation）、重金属（Heavy Metal）、建模（Modeling）以及交通安全（Traffic Safety）。从图中可以得出，我国安全科学高被引论文的主题集中在安全工程、安全统计分析、安全评价（常用的是层次分析法）以及安全文化等方面。此外，由于期刊 JSE 刊载了较多环境科学方面的论文，所以在分析结果中也较多地呈现了环境方面的高被引论文的主题。

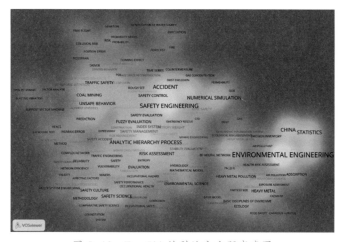

图 5-19 Top 500 被引论文主题密度图

Fig. 5-19 Terms density map of top 500 cited publications

5.3 安全科学学术会议合作与主题地图

5.3.1 安全学术出产分析

在 2018—2017 年期间,我国安全科学领域举办了数十场会议。包括"安全科学与技术会议""海峡两岸暨香港澳门职业安全健康学术研讨会""行为安全与安全管理国际学术研讨会"以及"全国高校安全工程学术年会"等。这些会议为我国安全科学学者交流学术研究成果提供了良好的平台,有力地促进了我国安全科学的发展。本部分重点对 2008—2017 年在我国境内召开的安全科学国际会议的会议论文(论文被 Web of Science 的会议数据库 CPCI-S 或 CPCI-SSH 收录)进行分析,以了解安全科学的基本情况。

选取了三个具有代表性的会议,分别为:中国职业安全健康协会 2010 年主办的中国安全科学与技术原理论坛(Chinese Seminar on the Principles of Safety Science and Technology,简称 CSPSST);首都经济贸易大学与中国安全生产科学研究院 2012 年主办的安全科学与工程国际会议(International Symposium on Safety Science and Engineering,简称 ISSSE);2008—2014 年由北京理工大学主办的国际安全科学与技术会议(International Symposium on Safety Science and Technology,简称 ISSST)。

2018 年 3 月 21 日,从 Web of Science 核心数据集 CPCI-S 数据库和 CPCI-SSH 数据库检索并下载了 CSPSST、ISSSE 以及 ISSST 三个会议的安全科学会议论文。共得到 CSPSST 会议的 155 篇论文,ISSSE 会议的 107 篇论文以及 ISSST 会议的 1190 篇论文。三个会议的会议论文的详细信息见表 5-7 和图 5-20。

表 5-7　中国重要安全科学学术会议信息列表
Table 5-7　The basic information of important safety science conference in China

时间	地点	会议名称	举办单位	论文量	占比	被引频次	H 指数
2010 年	北京	CSPSST	中国职业安全健康协会等	155 篇	10.7%	10	2
2012 年	北京	ISSSE	首都经济贸易大学等	107 篇	7.4%	130	6
2008 年	北京	ISSST	北京理工大学等	492 篇	33.9%	520	7
2010 年	杭州			415 篇	28.6%		
2012 年	南京			167 篇	11.5%		
2014 年	北京			116 篇	8.0%		

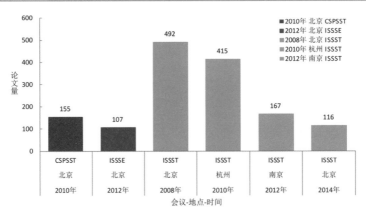

图 5-20　安全学术会议信息统计
Fig. 5-20　Comparison the outputs of each conference

对安全科学学术会议的论文作者和机构的产出与合作进行分析，见图 5-21 和图 5-22。在图中，作者的论文量越大，作者的标签也越大。作者标签越大且周围合作的学者越多，表示学者在图中的密度越大（节点的颜色越接近黄色）。

从作者的合作密度图上得到，以 Xu Zhisheng、Qian Xinming、Li Junmei、Jin Longzhe、Wu Zongzhi、Cheng Weimin、Jing Guoxun、Shi Shiliang、Zhou Xinquan、Yu Mingao 以及 Jiang Juncheng 等作者为核心形成了若干合作群落。在机构的合作密度图上，以高产机构华北科技学院（North China Inst Sci & Technol）、中南大学（Cent Southern Univ）、北京科技大学（Univ Sci & Technol Beijing）、中国矿业大学（China Univ Mining & Technol）、河南理工大学（Henan Polytech Univ）、中国矿业大学北京校区（China Univ Mining Technol Beijing）、北京理工大学（Beijing Inst Technol）、首都经济贸易大学（Capital Univ Econ & Business）、山东科技大学（Shandong Univ Sci & Technol）、南京工业大学（Nanjing Univ Technol）、中国地质大学（China Univ Geosci）、湖南科技大学（Hunan Univ Sci & Technol）以及南京理工大学（Nanjing

Univ Sci & Technol）等机构形成了若干群落，表明这些机构在中国举办的国际会议中相对活跃，且与其他单位的合作比较密切。

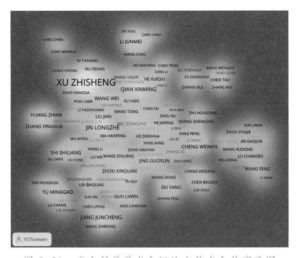

图 5-21　安全科学学术会议论文作者合作密度图
Fig. 5-21　Authors' density map of the international conference

图 5-22　安全科学学术会议论文机构合作密度图
Fig. 5-22　Institutions' density map of the international conference

5.3.2　安全学术会议主题地图

对三个会议所发表的论文的主题进行分析，以了解我国举办的国际会议的主要关注点。CSPSST 和 ISSSE 会议都分别召开了一届，所分析的论文量均不足200 篇，因此得到的主题图相对分散，且主题频次普遍偏低，见图 5-23 和图 5-24。CSPSST 会议论文中频次大于 5 的主题词分别为煤（Coal）、煤矿安全（Coal Mine

Safety）、大学、学院（College）、气体（Gas）、指标体系（Index System）、层次分析法（Analytic Hierarchy Process）、校园（Campus）、原因（Cause）、决策（Decision）、员工（Employee）、可行性（Feasibility）、指标（Index）、项目（Project）以及关系（Relation），反映该会议的主题集中在煤矿安全、安全评价等方面。ISSSE 会议论文中频次大于5 的主题有温度（Temperature）、煤（Coal）、优势（Advantage）、浓度（Concentration）、概念（Concept）以及采空区（Goaf），ISSET 会议论文的主题集中在煤矿安全方面。

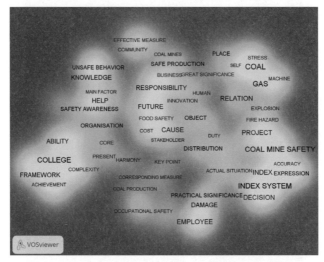

图 5-23　CSPSST 会议的主题密度图
Fig. 5-23　Terms density map of the CSPSST

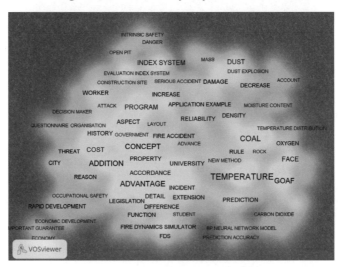

图 5-24　ISSSE 会议的主题密度图
Fig. 5-24　Terms density map of the ISSSE

由北京理工大学长期与国内其他高校及机构合作举办的国际安全科学与技术会议已经连续举办了十届（历时 20 年），分别是 1998 年（北京）、2000 年（北京）、2002 年（泰安）、2004 年（上海）、2006 年（长沙）、2008 年（北京）、2010 年（杭州）、2012 年（南京）、2014 年（北京）、2016 年（昆明）以及 2018 年（上海）。经过长期的积累，ISSST 会议已经成为国内知名的安全科学与技术会议，并积累了大量的会议文献。2004—2014 年 ISSST 会议发表的 2897 篇会议论文都被国际知名的会议索引 CPCI-S（原 ISTP）收录。由于从 2016 年开始，该会议的会议论文不再正式出版，仅推荐少量的会议论文在相关期刊（如 *JLPPI*）上以专刊的形式发表。因此，在 CPCI-S 检索 2008—2014 年 ISSST 所发表的会议论文，共得到 1190 篇，对这些会议论文进行主题分析，结果见图 5–25。ISSST 会议所刊载论文的高频主题分别为温度（Temperature）、数值模拟（Numerical Simulation）、煤（Coal）、管理（Management）、隧道、巷道（Tunnel）、安全管理（Safety Management）、压力（Stress）、流量（Flow）、面部（Face）以及采矿（Mining），反映了 ISSST 会议主题的焦点。进一步对 ISSST 会议论文的主题进行聚类（见图 5–26），得到了四个主要聚类，分别为：聚类 1# 安全管理；聚类 2# 热与爆炸研究；聚类 3# 煤矿安全研究；聚类 4# 烟气、疏散与火灾研究。各聚类所包含的高频主题词见表 5–8。

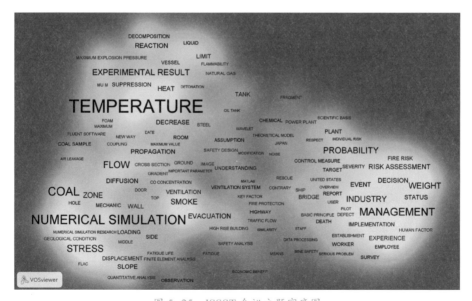

图 5–25　ISSST 会议主题密度图

Fig. 5–25　Terms density map of ISSST

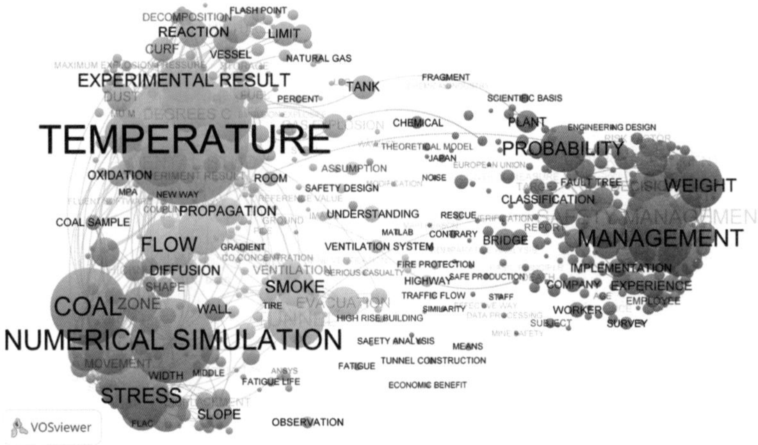

图 5-26　ISSST 会议主题聚类图
Fig. 5-26　Terms clusters of ISSST

表 5-8　ISSST 会议各聚类高频主题
Table 5-8　High frequency terms of ISSST in each cluster

聚类名称	主题（词频）
聚类 1# 安全管理	Management（71）、Safety Management（60）、Probability（50）、Weight（49）、Enterprise（47）、Industry（47）、Analytic Hierarchy Process（35）、Risk Assessment（34）、Decision（32）、Evaluation Method（30）、Event（30）、Status（30）。
聚类 2# 热与爆炸研究	Temperature（139）、Experimental Study（51）、Experimental Result（48）、Diameter（42）、Flame（42）、Degrees C（37）、Reaction（32）、Heat（31）、Dust（30）、Mixture（30）。
聚类 3# 煤矿安全研究	Numerical Simulation（91）、Coal（83）、Stress（60）、Face（54）、Mining（54）、Rock（45）、Deformation（43）、Coal Seam（39）、Zone（39）、Spontaneous Combustion（32）。
聚类 4# 烟气、疏散与火灾研究	Tunnel（61）、Flow（58）、Velocity（52）、Smoke（42）、Evacuation（35）、Diffusion（30）、Propagation（30）、Ventilation（23）、Temperature Distribution（20）、Fire Safety（18）、Floor（18）、Understanding（18）。

5.3.3　安全学术会议引用期刊地图

安全学术会议引用期刊的共被引分析结果见图 5-27。图中节点的大小代表对应期刊被引用次数的多少，节点的颜色代表期刊所属的不同聚类。从结果可知，安全学术会议论文的高被引期刊分别为《中国安全科学学报》（334）、*J Loss Prevent Proc*（198）、*J Hazard Mater*（176）、*Fire Safety J*（162）、*Safety Sci*（159）、《煤炭学报》（128）、*Combust Flame*（95）、*J Safety Sci Technol*（85）、*Fire Sci Technology*（77）以

及 *J China Coal Soc*（75）等。在这些高被引期刊中，主要涉及安全综合、过程安全、火灾爆炸、煤矿与有害物质等研究。按照安全科学期刊共被引的关系强度，可以将这些期刊划分为火灾研究、工业过程安全、安全科学（综合）以及煤矿安全研究四类。从期刊聚类图上得到，虽然我国的《中国安全科学学报》是综合性的安全科学期刊，但在会议论文的期刊共被引中，与《煤矿学报》有更加紧密的关系。

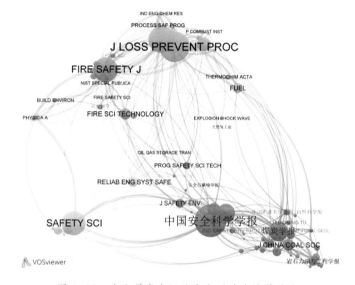

图 5-27　安全学术会议论文期刊的共被引网络
Fig. 5-27　Journals co-citation network of interaction conference papers

5.4　安全科学博士论文产出与主题地图

5.4.1　安全科学博士论文的产出分析

博士学位论文是博士研究生获得博士学位而撰写的，反映着我国安全科学相关方向高端人才的培养情况。2018 年，在 CNKI 博士学位论文数据库中进行检索，将时间范围设置为"2008—2017 年"，设置学科专业名称为"安全技术及工程"或"安全科学与工程"，并选择精确匹配，共得到 2008—2017 年的 878 篇博士论文。部分博士论文的研究受到了国家自然科学基金（286 篇）、国家重点基础研究发展计划（121 篇）、国家科技支撑计划（84 篇）、高等学校博士学科点专项科研基金（23 篇）、跨世纪优秀人才培养计划（21 篇）以及国家高技术研究发展计划 863（13）等项目的资助。程远平（11 人）、周心权（9 人）、林柏泉（8 人）、李树刚（8 人）、王德明（8 人）、吴超（7 人）以及陆守香（6 人）指导的博士研究生超过了 5 人，是样本数据中表现突出的博士生导师。这些论文主要来源于中国科学技术大学、中国矿业大学、西安科技大学、东北大学、中南大学以及安徽理工大学等大学。安全科学博士论文机构的年度产出矩阵见表 5-9。在这些高校中，中国科学技术大学、中国矿业大学以及西安科技大学持续每年都有博士论文产出，反映出这些高校在我国安全人才培养中扮演了重要的角色。其他高校的博士生数量比较少，可能是由于这些高校的博士论文并没有完全公开到 CNKI，也可能是由于相关学校安全科学的博士生导师数量较少，所以博士生的培养数量也相应较少。

表 5-9　安全博士论文机构的年度分布矩阵
Table 5-9　Annual outputs of PhD thesis in each university

博士学位授予单位	2008年	2009年	2010年	2011年	2012年	2013年	2014年	2015年	2016年	2017年	总计	评估等级
中国科学技术大学	20	13	15	16	26	25	36	23	38	31	243	A+
中国矿业大学（北京）	1	7	15	6	15	30	16	21	22	17	150	NA
中国矿业大学	9	14	15	10	15	17	16	17	13	12	138	A+
西安科技大学	4	10	11	6	7	8	13	11	2	7	79	A-
东北大学	3	8	9	7	1	13	0	1	0	0	42	B-
中南大学	7	3	11	4	6	2	6	0	0	0	39	A-
安徽理工大学	2	4	3	3	0	6	1	6	2	0	27	B
辽宁工程技术大学	0	4	4	1	2	6	5	4	0	0	26	B
重庆大学	3	3	4	6	5	1	1	1	2	0	26	B
北京科技大学	0	0	0	0	0	0	0	6	6	6	18	B+
中国地质大学（北京）	0	0	1	2	2	3	3	3	2	2	18	NA
北京理工大学	0	0	0	0	0	0	6	10	1	0	17	B+
中国地质大学	0	0	2	0	1	0	1	1	2	4	11	NA
北京交通大学	0	0	0	0	0	2	1	1	3	4	11	B-
河南理工大学	0	0	5	2	1	0	0	2	0	0	10	A-
山东科技大学	1	3	2	0	0	0	0	0	0	0	6	B
中国石油大学	0	0	4	1	0	0	0	0	0	0	5	NA
武汉理工大学	0	0	1	0	0	3	1	0	0	0	5	B-
中国石油大学（华东）	0	0	0	0	1	2	0	1	0	0	4	NA
武汉科技大学	0	0	0	0	0	0	0	0	0	2	2	B-
中国石油大学（北京）	0	0	0	0	0	0	0	0	1	0	1	B+
合计	50	69	102	64	82	118	106	108	94	85	878	—

注：NA 表示空值。

安全科学博士论文产出的时序分布见图5-28（左图）。安全科学博士论文在2008—2010年呈快速增长的趋势，经过2011年的产出低谷后，2011—2013年又快速增长，在2013年以后，安全科学博士论文呈缓慢下降的趋势。安全科学博士论文的被引频次与下载频次的相关分析见图5-28（右图）。从图中可知，安全科学博士论文的下载次数与被引频次大致呈正相关关系，随着下载次数的增加，博士论文的被引频次有增加的趋势。

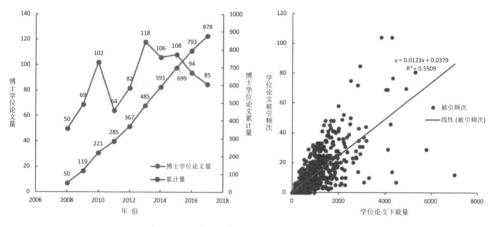

图5-28　安全博士论文产出及引证分布

Fig. 5-28　Annual outputs of PhD thesis，and Correlation between downloaded and cited times

5.4.2　安全科学博士论文的主题地图

安全科学博士论文的关键词密度图见图5-29。安全科学博士论文的高频关键词主要有数值模拟（76）、煤与瓦斯突出（42）、瓦斯抽采（22）、煤矿（21）、煤自燃（21）、瓦斯爆炸（18）、燃烧性能（15）、阻燃机理（15）、渗透率（14）、火灾（14）、火焰高度（14）、火蔓延（14）、采空区（13）、热解（12）、人员疏散（11）、热释放速率（11）、燃烧特性（11）、机理（10）、热稳定性（10）、纳米复合材料（10）以及预测（10）。安全科学博士论文的研究主要集中在两方面，一是矿山安全的研究（见图5-30左图），二是火灾科学与工程的研究（见图5-30右图）。此外，还包含一些关于阻燃材料、疏散以及安全管理评价类的博士论文。安全科学博士的研究主题反映了我国安全科学与工程人才的培养以矿山与火灾的人才为主，并有少量的安全管理方面的人才培养。在矿山研究中，煤矿火灾研究也是重要的组成部分。在博士研究生的培养中，中国科学技术大学火灾重点国家实验室是我国火灾人才培养的重地。

值得反思的是，在安全科学与工程成为一级学科的背景下，我国在培养大量专门型的安全工程高端人才的同时，也需要考虑到我国安全工程发展的实际需

131

要，培养一批有国际影响力的安全管理工程高端人才。安全问题归根到底离不开人，技术会随着时间的发展不断更新并逐渐接近本质安全。而在工作实践中，组织内部的管理问题可能是引起事故的主要原因，高端安全管理人才的培养需要受到高度重视。

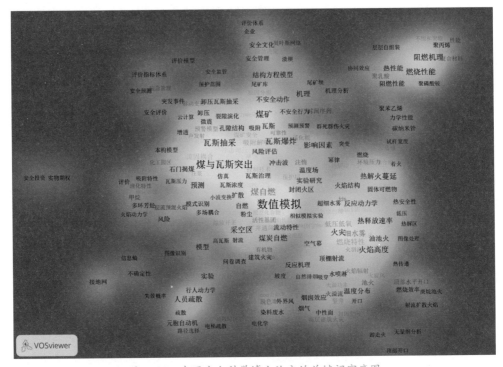

图 5-29 中国安全科学博士论文的关键词密度图
Fig. 5-29 Terms density map of Chinese PhD thesis in safety science

矿山安全的研究   火灾科学与工程的研究

图 5-30 中国安全科学博士论文矿山安全和火灾安全主题分布
Fig. 5-30 Terms of coal / mine safety and fire safety research in PhD thesis

5.5　本章小结

中国作者在国内外发表的各种类型的文献,是认识中国安全科学的基础。绘制我国安全科学的学术地图具有重要意义。本章根据中国发表的国内期刊论文、国际期刊论文、国内举办的国际会议论文以及博士学位论文,对中国安全科学的学术地图进行了全方位的绘制。

在作者维度的产出上,我国安全科学学者的国际发文显示,Xing Liudong、Dai Yuanshun、Shi Peijun、Jiang Juncheng、Huang Hongzhong 等作者表现突出。对我国国内的三种安全期刊进行分析,得到吴超、李生才、刘茂、安莹、傅贵、陈国华、蒋军成、崔铁军、陈国明以及徐志胜等在国内的发文量突出。在国际会议的发文方面,Xu Zhisheng、Qian Xinming、Li Junmei、Jin Longzhe、Wu Zongzhi、Cheng Weimin、Jing Guoxun、Shi Shiliang、Zhou Xinquan、Yu Mingao 以及 Jiang Juncheng 等发文突出。本章并在作者的产出分析的基础上,又对作者的合作情况进行了分析。

在机构的产出上,中国科学院、清华大学、中国电子科技大学、北京师范大学等是我国国际期刊论文的主要贡献机构。辽宁工程技术大学、中南大学、中国矿业大学、河南理工大学等是国内主要的安全科学论文产出机构。在国际论文层面上,华北科技学院、中南大学、北京科技大学、中国矿业大学、河南理工大学等为主要产出单位。在博士学位论文的产出上,中国科学技术大学、中国矿业大学、西安科技大学等是我国安全高端人才的主要培养单位。

主题的分析结果显示,中美合作的论文主题的分布领域为:交通安全,系统安全与可靠性,环境灾害与风险分析。国内安全科学研究的数据相对丰富,涉及的主题也比较全面,包含有安全、风险、可靠性分析与评价,安全管理,煤矿安全,污染物处理技术,环境污染与生态研究,安全与环境的实验分析以及安全与环境事故统计分析。安全科学学术会议的主题集中在煤矿、火灾以及管理等方面,与我国的安全实际联系密切。对发表论文最多的 ISSST 会议主题进行聚类分析,得到其主题主要分布在安全管理、热与爆炸研究、煤矿安全研究以及烟气、疏散与火灾研究。我国安全科学专业的博士论文研究主题主要围绕煤矿和火灾两大领域,安全管理、应急疏散等方面的论文相对较少。

对数据中的参考文献进行期刊共被引分析,提取我国安全科学研究中所引用的主要刊源。绘制期刊共被引地图,展示了我国安全科学研究在期刊维度的知识吸收,并由期刊的聚类得到了我国安全科学知识基础分布的领域。

附　录

附录 1 *Journal of Hazardous Materials* 期刊热点主题地图

附录 1.1 *Journal of Hazardous Materials* 主题聚类地图

主题聚类名称：聚类 1# 有害物质在介质中的分布、毒性、来源；聚类 2# 有害物质吸附处理；聚类 3# 有害物质降解；
聚类 4# 有害物质理化行为及表征；聚类 5# 修复与效果评价研究。

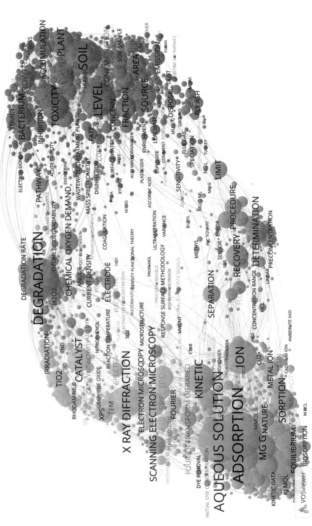

附图 1-1 *Journal of Hazardous Materials* 主题聚类

Appendix Fig. 1-1　Terms cluster of *Journal of Hazardous Materials*

附录 1. 2　*Journal of Hazardous Materials* 主题平均时间分布地图

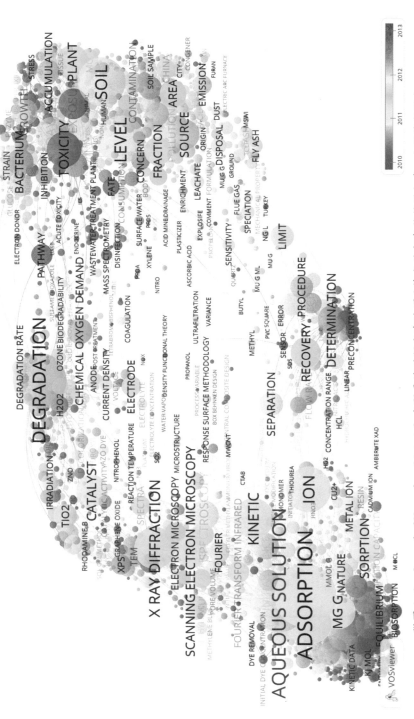

附图 1-2　*Journal of Hazardous Materials* 主题平均时间分布地图（节点的颜色越接近红色，主题越新近）

Appendix Fig. 1-2　Distribution of emerging terms of *Journal of Hazardous Materials*

附录 1.3　*Journal of Hazardous Materials* 主题平均影响分布地图

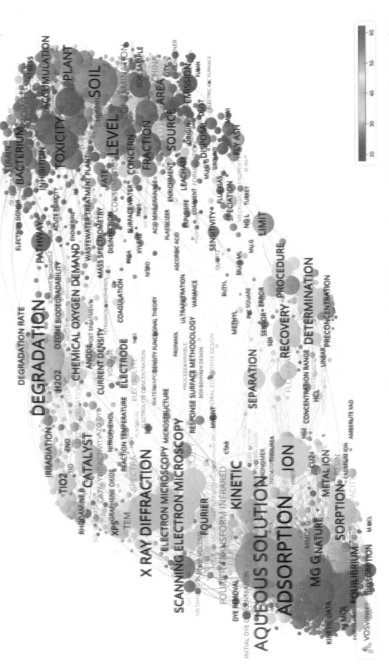

附图 1−3　*Journal of Hazardous Materials* 主题影响分布地图（节点的颜色越接近红色，主题所在文献的被引平均次数越高）

Appendix Fig. 1−3　Distribution of high impact terms of *Journal of Hazardous Materials*

附录2　国际安全科学文献共被引网络中的文献信息

附表2-1　安全科学研究中所引用的经典文献
Appendix Table 2-1　High cited references in safety science research

编号	第一作者	出版年	出版物（期刊或书籍）	被引频次
1	L. Aarts	2006	*Accident Anal Prev*	109
2	Aashto	2010	*Highw Saf Man*①	53
3	M. Abdel Aty	2003	*J Safety Res*	74
4	M. Abdel Aty	2000	*Accident Anal Prev*	81
5	Valverde J. Aguero	2006	*Accident Anal Prev*	50
6	L. S. Aiken	1991	*Multiple Regression*②	62
7	I. Ajzen	1980	*Understanding Attitu*③	50
8	I. Ajzen	1991	*Organ Behav Hum Dec*	180
9	H. Akaike	1974	*IEEE T Automat Contr*	99
10	P. C. Anastasopoulos	2009	*Accident Anal Prev*	87
11	K. J. Anstey	2005	*Clin Psychol Rev*	52
12	G. Apostolakis	1990	*Science*	84
13	G. Apostolakis	2004	*Risk Anal*	64
14	C. J. Armitage	2001	*Brit J Soc Psychol*	64
15	P. Artzner	1999	*Math Financ*	80
16	T. Aven	2009	*J Risk Res*	82
17	T. Aven	2010	*Reliab Eng Syst Safe*	59
18	T. Aven	2011	*Reliab Eng Syst Safe*	65
19	T. Aven	2012	*Reliab Eng Syst Safe*	59
20	J. Baker	2007	*Report Bp Us Refiner*④	59
21	J. Barling	2002	*J Appl Psychol*	84
22	R. Barlow	1960	*Oper Res*	64
23	R. Barlow	1975	*Stat Theory Reliabil*⑤	64
24	R. Barlow	1965	*Math Theory Reliabil*⑥	77
25	R. M. Baron	1986	*J Pers Soc Psychol*	94

137

① AASHTO. Highway Safety Manual. American Association of State Highway and Transportation Officials, Washington, DC. 2010.

② L. S. Aiken, S. G. West. Multiple Regression: Testing and Interpreting Interactions. Sage, London. 1991.

③ Ajzen, M. Fishbein. Understanding Attitudes and Predicting Social Behaviour. Prentice-Hall, New Jersey. 1980.

④ Baker. The Report of The BP U. S. Refineries Independent Safety Review Panel, January 2007. (The Baker Report).

⑤ R. E. Barlow, F. Proschan. Statistical Theory of Reliability and Life Testing Probability Models. New York: Holt, Rinehart and Winston. 1975.

⑥ Barlow, RE, Proschan, F. Mathematical Theory of Reliability. New York: Wiley. 1965.

（续表）

编号	第一作者	出版年	出版物（期刊或书籍）	被引频次
26	Beck Ulrich	1992	*Risk Soc New Moderni*[①]	200
27	M. Bedard	2002	*Accident Anal Prev*	59
28	T. Bedford	2001	*Probabilistic Risk A*[②]	92
29	A. Bobbio	2001	*Reliab Eng Syst Safe*	80
30	E. Borgonovo	2006	*Risk Anal*	54
31	E. Borgonovo	2007	*Reliab Eng Syst Safe*	76
32	V. Braun	2006	*Qualitative Res Psyc*	56
33	M. Bruneau	2003	*Earthq Spectra*	61
34	J. P. Byrnes	1999	*Psychol Bull*	52
35	J. K. Caird	2008	*Accident Anal Prev*	57
36	Ccps	2000	*Guid Chem Proc Quant*[③]	77
37	Chang L. Y.	1999	*Accident Anal Prev*	56
38	Chang L. Y.	2006	*Accident Anal Prev*	50
39	R. A. Choudhry	2007	*Safety Sci*	50
40	M. S. Christian	2009	*J Appl Psychol*	115
41	S. Clarke	2006	*J Occup Health Psych*	94
42	J. Cohen	1988	*Stat Power Anal Beha*[④]	89
43	D. W. Coit	1996	*IEEE T Reliab*	53
44	R. M. Cooke	1991	*Experts Uncertainty*[⑤]	71
45	M. D. Cooper	2000	*Safety Sci*	76
46	M. D. Cooper	2004	*J Safety Res*	74
47	D. R. Cox	1972	*J R Stat Soc B*	66
48	L.A. Cox	2008	*Risk Anal*	51
49	S. Cox	1998	*Work Stress*	69
50	S. Cox	2000	*Safety Sci*	59
51	N. Cressie	1993	*Stat Spatial Data*[⑥]	52
52	S. L. Cutter	2003	*Soc Sci Quart*	70
53	S. L. Cutter	2008	*Global Environ Chang*	58

① Beck, U. Risk society: Towards a new modernity. Trans. M. Ritter. London: Sage. 1992.（Original work published 1982）.

② T. Bedford, R. Cooke. Probabilistic Risk Analysis. Cambridge University Press, Cambridge. 2001.

③ Center for Chemical Process Safety（CCPS）. Guidelines for Chemical Process Quantitative Risk Analysis.（second ed.）, AIChE, New York. 2000.

④ Cohen J. Statistical Power Analysis for the Behavioral Sciences. New York: Academic Press, 1988.

⑤ Cooke R. Experts in Uncertainty: Opinion and Subjective Probability in Science. New York: Oxford University Press, 1991.

⑥ Cressie NAC. Statistics for spatial data（revised edition）. Wiley-Interscience, New York. 1993.

编号	第一作者	出版年	出版物（期刊或书籍）	被引频次
54	E. R. Dahlen	2005	*Accident Anal Prev*	64
55	K. Deb	2002	*IEEE T Evolut Comput*	52
56	N. Dedobbeleer	1991	*J Safety Res*	70
57	H. A. Deery	1999	*J Safety Res*	88
58	D. M. Dejoy	2004	*J Safety Res*	61
59	S. Dekker	2011	*Drift Into Failure*[1]	59
60	A. P. Dempster	1977	*J Roy Stat Soc B Met*	51
61	M. Douglas	1982	*Risk Culture Essay S*[2]	103
62	M. Douglas	1992	*Risk Blame Essays Cu*[3]	68
63	L. Doyen	2004	*Reliab Eng Syst Safe*	52
64	J. B. Dugan	1992	*IEEE T Reliab*	51
65	A. Eagly	1993	*Psychol Attitudes*[4]	50
66	R. Eckhoff	2003	*Dust Explosions Proc*[5]	71
67	B. Efron	1993	*Intro Bootstrap*[6]	63
68	D. Ellsberg	1961	*Q J Econ*	50
69	N. Eluru	2008	*Accident Anal Prev*	68
70	R. Elvik	2009	*Handbook Of Road Safety Measures*[7]	83
71	R. Elvik	2004	*Hdb Road Safety Meas*[8]	71
72	M. R. Endsley	1995	*Hum Factors*	97
73	L. Evans	2004	*Traffic Safety*[9]	83
74	M. Finkelstein	2008	*Springer Ser Reliab*[10]	53
75	M. L. Finucane	2000	*Health Risk Soc*	55
76	M. L. Finucane	2000	*J Behav Decis Making*	114

[1] Dekker SWA. Drift into failure：from hunting broken components to understanding complex systems. Farnham：Ashgate；2011.

[2] Douglas M，Wildavsky A. Risk and Culture：An Essay on the Selection of Technical and Environmental Dangers. Berkeley：University of California Press，1982.

[3] Douglas，M. Risk and blame：essays in cultural theory，London：Routledge. 1992.

[4] A. H. Eagly，S. Chaiken. The Psychology of Attitudes. Harcourt Brace Jovanovich College Publishers，Orlando，FL. 1993.

[5] R. K. Eckhoff. Dust Explosions in the Process Industries. (third ed.), Gulf Professional Publishing，Amsterdam. 2003.

[6] B. Efron，R. J. Tibshirani. An Introduction to the Bootstrap. Chapman & Hall，London. 1993.

[7] R. Elvik，A. Hoye，T. Vaa，M. Sorensen. The Handbook of Road Safety Measures. (second edition), Elsevier Science Technology . 2009.

[8] R. Elvik，T. Vaa. The Handbook of Road Safety Measures. Elsevier Science. 2004.

[9] L. Evans. Traffic Safety. Bloomfield Hills，Michigan，Science Serving Society . 2004.

[10] M. Finkelstein. Failure rate modelling for reliability and risk. Springer-Verlag，London. 2008.

（续表）

编号	第一作者	出版年	出版物（期刊或书籍）	被引频次
77	B. Fischhoff	1978	*Policy Sci*	110
78	B. Fischhoff	1995	*Risk Anal*	66
79	M. Fishbein	1975	*Belief Attitude Inte*[①]	59
80	R. Flín	2000	*Safety Sci*	167
81	J. Flynn	1994	*Risk Anal*	76
82	R. Fuller	2005	*Accident Anal Prev*	56
83	N. Z. Gebraeel	2005	*IIE Trans*	52
84	A. Gelman	2004	*Bayesian Data Anal*[②]	67
85	A. Giddens	1991	*Modernity Self Ident*[③]	85
86	A. Giddens	1990	*Consequences Moderni*[④]	54
87	B. G. Glaser	1967	*Discovery Grounded T*[⑤]	57
88	A. I. Glendon	2000	*Safety Sci*	54
89	A. I. Glendon	2001	*Safety Sci*	62
90	D. E. Goldberg	1989	*Genetic Algorithms S*[⑥]	63
91	M. A. Griffin	2000	*J Occup Health Psychol*	134
92	F. W. Guldenmund	2000	*Safety Sci*	184
93	F. W. Guldenmund	2007	*Safety Sci*	61
94	C. N. Haas	1999	*Quantitative Microbi*[⑦]	51
95	J. Hair	1998	*Multivariate Data An*[⑧]	64
96	R. A. Haslam	2005	*Appl Ergon*	52
97	E. Hauer	1997	*Observational Studie*[⑨]	99
98	H. W. Heinrich	1931	*Ind Accident Prevent*[⑩]	58
99	J. C. Helton	2003	*Reliab Eng Syst Safe*	68
100	J. C. Helton	2006	*Reliab Eng Syst Safe*	65

140

① M. Fishbein, I. Ajzen. Belief, Attitude, Intention and Behavior. Addison-Wesley, Reading, MA. 1975.

② A Gelman, JB Carlin, HS Stern, DB. Rubin. Bayesian data analysis（2nd ed.）, Chapman & Hall / CRC, London. 2004.

③ Giddens, A. Modernity and self-identity, Cambridge：Polity Press. 1991.

④ Giddens, A. The Consequences of Modernity. Cambridge：Polity Press. 1990.

⑤ B. G. Glaser, A. L. Strauss. The Discovery of Grounded Theory：Strategies for Qualitative Research. Aldine. 1967.

⑥ D. Goldberg, Genetic Algorithms in Search Optimization and Machine Learning, USA, MA, Reading：Addison Wesley, 1989.

⑦ Haas CN, Rose JB, Gerba CP. Quantitative Microbial Risk Assessment. New York, NY：John Wiley & Sons；1999.

⑧ J. F. Hair, R. E. Anderson, R. L. Tatham, W. C. Black. Multivariate Data Analysis. Prentice-Hall, Upper Saddle River, New York . 1998.

⑨ E. Hauer. Observational Before–After Studies in Road Safety. Pergamon Press Oxford, UK. 1997.

⑩ Heinrich HW. Industrial accident prevention. New York, NY, USA：McGraw-Hill；1931.

（续表）

编号	第一作者	出版年	出版物（期刊或书籍）	被引频次
101	D. A. Hofmann	1996	*Pers Psychol*	74
102	D. A. Hofmann	1999	*J Appl Psychol*	71
103	D. A. Hofmann	2003	*J Appl Psychol*	62
104	E. Holinagel	1998	*Cognitive Reliabilit*[1]	113
105	C. S. Holling	1973	*Annual Rev Ecol Syst*	65
106	E. Hollnagel	2004	*Barriers Accident Pr*[2]	118
107	E. Hollnagel	2006	*Resilience Eng Conce*[3]	131
108	C. A. Holt	2002	*Am Econ Rev*	67
109	T. Homma	1996	*Reliab Eng Syst Safe*	66
110	T. Horberry	2006	*Accident Anal Prev*	56
111	W. J. Horrey	2006	*Hum Factors*	54
112	D. W. Hosmer	2000	*Appl Logistic Regres*[4]	50
113	L. T. Hu	1999	*Struct Equ Modeling*	85
114	P. L. Jacobsen	2003	*Injury Prev*	65
115	A. K. S. Jardine	2006	*Mech Syst Signal Pr*	89
116	F. V. Jensen	2007	*Bayesian Networks De*[5]	61
117	B. A. Jonah	1997	*Accident Anal Prev*	81
118	S. N. Jonkman	2003	*J Hazard Mater*	50
119	D. Kahneman	1979	*Econometrica*	183
120	D. Kahneman	1982	*Judgment Uncertainty*[6]	51
121	D. Kahneman	2011	*Thinking Fast Slow*[7]	51
122	S. Kaplan	1981	*Risk Anal*	171
123	R. E. Kasperson	1988	*Risk Anal*	131
124	N. Khakzad	2011	*Reliab Eng Syst Safe*	59
125	N. Khakzad	2013	*Process Saf Environ*	54
126	A. Khorashadi	2005	*Accident Anal Prev*	58

141

---

[1] E. Hollnagel. Cognitive reliability and error analysis method（CREAM）. Elsevier Science Ltd., Amsterdam. 1998.

[2] Hollnagel, E. Barriers and accident prevention. Ashgate Publishing. 2004.

[3] Hollnagel, E., Woods, D. D., Leveson, N.（Eds.）. Resilience Engineering：Concepts and Precepts. Ashgate. 2006.

[4] D. W. Hosmer, S. Lemeshow. Applied Logistic Regression.（2nd ed.）, John Wiley & Sons, Inc., New York （2000）.

[5] F. V Jensen, TD. Nielsen. Bayesian networks and decision graphs.（2nd ed.）Information science and statistics. Springer Science+Business Media, LLC, New York. 2007.

[6] Kahneman, D., P. Slovic, and A. Tversky. Judgment under Uncertainty. Cambridge：Cambridge University Press. 1982.

[7] Kahneman, D. Thinking, Fast and Slow. London：Penguin. 2011.

（续表）

编号	第一作者	出版年	出版物（期刊或书籍）	被引频次
127	M. Kijima	1989	*J Appl Probab*	64
128	J. K. Kim	2007	*Accident Anal Prev*	64
129	U. Kjellen	2000	*Prevention Accidents*①	69
130	A. Klinke	2002	*Risk Anal*	53
131	K. M. Kockelman	2002	*Accident Anal Prev*	91
132	W. Kuo	2003	*Optimal Reliability*②	87
133	T. Lajunen	2003	*Transport Res F-Traf*	70
134	H. Langseth	2007	*Reliab Eng Syst Safe*	55
135	R. Lawton	1997	*J Appl Soc Psychol*	63
136	C. Lee	2005	*Accident Anal Prev*	62
137	J. Lee	2002	*Accident Anal Prev*	87
138	F. P. Lees	1996	*Loss Prevention Proc*③	81
139	N. Leveson	2004	*Safety Sci*	171
140	G. Levitin	2005	*Universal Generating*④	102
141	A. Lisnianski	2003	*Multistate System Re*⑤	109
142	G. F. Loewenstein	2001	*Psychol Bull*	109
143	D. Lord	2005	*Accident Anal Prev*	93
144	D. Lord	2006	*Accident Anal Prev*	61
145	D. Lord	2010	*Transport Res A-Pol*	177
146	Lu C. J.	1993	*Technometrics*	65
147	D. J. Lunn	2000	*Stat Comput*	70
148	D. Lupton	1999	*Risk*⑥	69
149	Ma J. M.	2008	*Accident Anal Prev*	58
150	M. J. Maher	1996	*Accident Anal Prev*	54
151	H. B. Mann	1945	*Econometrica*	68
152	D. R. Mayhew	2003	*Accident Anal Prev*	69
153	P. Mccullagh	1989	*Gen Linear Models*⑦	54
154	M. D. Mckay	1979	*Technometrics*	70

① U. Kjellén. Prevention of accidents through experience feedback. Taylor & Francis, London. 2000.

② W. Kuo, M. J. Zuo. Optimal reliability Modeling: principles and applications. Wiley, New York, NY. 2003.

③ F. Lees. Loss Prevention in the Process Industries. (second ed.), Butterworth-Heinemann, Oxford. 1996.

④ G. Levitin. Universal generating function in reliability analysis and optimization. Springer-Verlag, London. 2005.

⑤ A. Lisnianski, G. Levitin, Multi-State System Reliability: Assessment Optimization and Applications, Singapore: World Scientific. 2003.

⑥ Lupton, D. Risk. London: Routledge. 1999.

⑦ McCullagh P, Nelder J. Generalized linear models, 2nd edn. Chapman and Hall. 1989.

（续表）

编号	第一作者	出版年	出版物（期刊或书籍）	被引频次
155	A. J. Mcknight	2003	*Accident Anal Prev*	54
156	A. Mcneil	2005	*Quantitative Risk Ma*[1]	52
157	K. Mearns	2003	*Safety Sci*	102
158	W. Q. Meeker	1998	*Stat Methods Reliabi*[2]	130
159	S. P. Miaou	1994	*Accident Anal Prev*	80
160	M. B. Miles	1994	*Qualitative Data Ana*[3]	53
161	J. Milton	1998	*Transportation*	51
162	J. C. Miltonc	2008	*Accident Anal Prev*	109
163	S. Mitra	2007	*Accident Anal Prev*	52
164	S. Mohamed	2002	*J Constr Eng M Asce*	51
165	M. G. Morgande	2002	*Risk Communication M*[4]	55
166	J. D. Nahrgang	2011	*J Appl Psychol*	52
167	A. Neal	2000	*Safety Sci*	132
168	A. Neal	2006	*J Appl Psychol*	120
169	R. B. Nelsen	2006	*Intro Copulas*[5]	63
170	W. Nelson	1990	*Accelerated Testing*[6]	84
171	F. H. Norris	2008	*Am J Commun Psychol*	59
172	J. Nunnally	1978	*Psychometric Theory*[7]	68
173	C. J. Odonnell	1996	*Accident Anal Prev*	54
174	D. Parker	1995	*Ergonomics*	80
175	M. E. Patecornell	1996	*Reliab Eng Syst Safe*	74
176	J. Pearl	1988	*Probabilistic Reason*[8]	77
177	M. Peden	2004	*World Report Road Tr*[9]	149

[1] McNeil A, Frey R, Embrechts P. Quantitative Risk Management. New York：Princeton Series in Finance，Princeton University Press. 2005.

[2] Meeker WQ, Escobar LA. Statistical methods for reliability data. Toronto：John Wiley and Sons. 1998.

[3] Miles MB, Huberman AM. Qualitative Data Analysis：An Expanded Sourcebook, 2nd ed. Thousand Oaks，CA：Sage. 1994.

[4] Morgan, M. G., Fischhoff, B., Bostrom, A., & Atman, C. J. Risk Communication. A Mental Models Approach. Cambridge：Cambridge University Press. 2002.

[5] Nelsen RB. An Introduction to Copulas. New York：Springer-Verlag. 1999.

[6] W. Nelson, Accelerated Testing. Statistical models Test Plans and Data Analyses, Hoboken, NJ, USA：Wiley. 2004.

[7] J. C. Nunnally. Psychometric Theory. McGraw-Hill, New York. 1978.

[8] Pearl, J. Probabilistic reasoning in intelligent systems：Networks of plausible inference. San Francisco, CA：Morgan Kaufmann. 1988.

[9] Peden, M. M., Scurfield, R., & Sleet, D. World report on road traffic injury prevention. Geneva：World Health Organization. 2004.

（续表）

编号	第一作者	出版年	出版物（期刊或书籍）	被引频次
178	C. Perrow	1999	*Normal Accidents Liv*[①]	60
179	C. Perrow	1984	*Normal Accidents Liv*[②]	106
180	H. Pham	1996	*Eur J Oper Res*	59
181	N. Pidgeon	2000	*Safety Sci*	52
182	N. Pidgeon	2003	*Social Amplification*[③]	69
183	M. Poch	1996	*J Transp Eng-Asce*	58
184	P. M. Podsakoff	2003	*J Appl Psychol*	74
185	W. Poortinga	2003	*Risk Anal*	50
186	M. A. Quddus	2002	*J Safety Res*	55
187	M. A. Quddus	2008	*Accident Anal Prev*	50
188	J. Rasmussen	1997	*Safety Sci*	238
189	J. Rasmussen	2000	*Proactive Risk Manag*[④]	58
190	M. Rausand	2004	*System Reliability T*[⑤]	132
191	J. Reason	1990	*Ergonomics*	131
192	J. Reason	2000	*Brit Med J*	54
193	J. Reason	1990	*Human Error*[⑥]	264
194	J. Reason	1997	*Managing Risks Org A*[⑦]	293
195	D. A. Redelmeier	1997	*New Engl J Med*	63
196	O. Renn	2008	*Risk Governance Copi*[⑧]	98
197	L. S. Robson	2007	*Safety Sci*	62
198	E. Rosa	1998	*J Risk Res*	65
199	T. L. Saaty	1980	*Anal Hierarchy Proce*[⑨]	91
200	A. Saltelli	1999	*Technometrics*	55
201	A. Saltelli	2000	*Sensitivity Anal*[⑩]	51

[①] Ch Perrow. Normal accidents, living with high risk technologies. Princeton University Press, Princeton, N. J. USA. 1999.

[②] C. Perrow. Normal accidents: living with high-risk technologies. Princeton University Press, Princeton. 1984.

[③] N. PidgeonF, Kasperson RE, P. Slovic. The Social Amplification of Risk. Cambridge: University of Cambridge Press. 2003.

[④] Rasmussen, J. and Svedung, I. Proactive risk management in a dynamic society, Karlstad: Swedish Rescue Services Agency. 2000.

[⑤] M. Rausand, A. Hyland, System Reliability Theory, NJ, Hoboken: Wiley Interscience. 2004.

[⑥] J. Reason. Human Error. Cambridge University Press. 1990.

[⑦] J. Reason. Managing the Risks of Organizational Accidents. Ashgate, Hampshire, England. 1997.

[⑧] Renn, O. Risk Governance: Coping with Uncertainty in a Complex World. London: Earthscan. 2008.

[⑨] T. L. Saaty, The Analytic Hierarchy Process, McGrawHill, New York, 1980.

[⑩] A. Saltelli, K. Chan, M. Scott. Sensitivity analysis. John Wiley & Sons Publishers. 2000.

（续表）

编号	第一作者	出版年	出版物（期刊或书籍）	被引频次
202	A. Saltelli	2004	*Sensitivity Anal Pra*[①]	53
203	A. Saltelli	2008	*Global Sensitivity A*[②]	75
204	P. Savolainen	2007	*Accident Anal Prev*	76
205	P. T. Savolainen	2011	*Accident Anal Prev*	85
206	G. Schwarz	1978	*Ann Stat*	61
207	G. Shafer	1976	*Math Theory Evidence*[③]	84
208	V. Shankar	1995	*Accident Anal Prev*	77
209	V. Shankar	1996	*J Safety Res*	80
210	V. Shankar	1997	*Accident Anal Prev*	50
211	Si X. S.	2011	*Eur J Oper Res*	70
212	M. Siegrist	2000	*Risk Anal*	51
213	M. Siegrist	2000	*Risk Anal*	65
214	B. Silverman	1986	*Density Estimation S*[④]	51
215	O. L. Siu	2004	*Accident Anal Prev*	50
216	L. Sjoberg	2000	*Risk Anal*	70
217	P. Slovic	1987	*Science*	264
218	P. Slovic	1993	*Risk Anal*	71
219	P. Slovic	1999	*Risk Anal*	93
220	P. Slovic	2004	*Risk Anal*	160
221	P. Slovic	2000	*Perception Risk*[⑤]	100
222	I. M. Sobol	1993	*Math Model Comput Ex*	81
223	I. M. Sobol	2001	*Math Comput Simulat*	63
224	D. J. Spiegelhalter	2002	*J Roy Stat Soc B*	78
225	D. L. Strayer	2001	*Psychol Sci*	52
226	D. L. Strayer	2003	*J Exp Psychol-Appl*	52
227	N. N. Taleb	2007	*Black Swan Impact Hi*[⑥]	59
228	B. A. Turner	1978	*Man Made Disasters*[⑦]	55

145

---

① Saltelli A, Tarantola S, Campolongo F, Ratto M. Sensitivity Analysis in Practice: A Guide to Assessing Scientific Models. New York: John Wiley & Sons. 2004.

② Saltelli A, Ratto M, Andres T, Campolongo F, Cariboni J, Gatelli D, Saisana M, Tarantola S. Global Sensitivity Analysis: The Primer. Chichester, UK: Wiley, 2008.

③ G. Shafer, A Mathematical Theory of Evidence, USA, NJ, Princeton: Princeton Univ. Press, 1976.

④ Silverman BW. Density Estimation for Statistics and Data Analysis. London, UK: Chapman and Hall, 1986.

⑤ Slovic P. The Perception of Risk. New York: Earthscan, 2000.

⑥ Taleb, N. The Black Swan: The Impact of the Highly Improbable. New York, NY: Random House. 2010.

⑦ Turner BA, Pidgeon NF. Man- Made Disasters. Oxford: Butterworth-Heinemann, 1997.

编号	第一作者	出版年	出版物（期刊或书籍）	被引频次
229	A. Tversky	1974	*Science*	133
230	A. Tversky	1992	*J Risk Uncertainty*	111
231	G. F. Ulfarsson	2004	*Accident Anal Prev*	72
232	P. Ulleberg	2003	*Safety Sci*	88
233	J. M. Van Noortwijk	2009	*Reliab Eng Syst Safe*	81
234	D. Vaughan	1996	*Challenger Launch De*①	82
235	W. K. Viscusi	2003	*J Risk Uncertainty*	52
236	P. Walley	1991	*Stat Reasoning Impre*②	53
237	H. Z. Wang	2002	*Eur J Oper Res*	114
238	S. P. Washington	2011	*Stat Econometric Met*③	52
239	S. Washington	2003	*Stat Econometric Met*④	80
240	K. Weick	2007	*Managing Unexpected*⑤	66
241	K. Weick	1995	*Sensemaking Org*⑥	51
242	K. Weick	1999	*Res Organ Behav*	52
243	WHO	2004	*World Rep Road Traff*⑦	51
244	WHO	2013	*Glob Stat Rep Road S*⑧	82
245	A. F. Williams	2003	*J Safety Res*	84
246	B. Wisner	2004	*Risk Natural Hazards*⑨	78
247	WHO	2009	*Glob Stat Rep Road S*⑩	111
248	A. Zacharatos	2005	*J Appl Psychol*	50
249	L. A. Zadeh	1965	*Inform Control*	137
250	J. O. Zinn	2008	*Health Risk Soc*	54
251	E. Zio	2009	*Reliab Eng Syst Safe*	71

① Vaughan, D. The challenger launch decision. Technology, culture and deviance at NASA. London, Chicago: The University of Chicago Press. 1997.

② Walley, P. Statistical reasoning with imprecise probabilities, Chapman and Hall, London. 1991.

③ S. P. Washington, M. G. Karlaftis, F. L. Mannering. Statistical and Econometric Methods for Transportation Data Analysis. Chapman & Hall / CRC, New York. 2011.

④ Washington, S., Karlaftis, M., & Mannering, F. Statistical and econometric methods for transportation data analysis. Boca Raton, FL: Chapman and Hall / CRC. 2003.

⑤ K. Weick, K. M. Sutcliffe. Managing the unexpected. Assuring high performance in an age of complexity, Jossey Bass, San Francisco . 2001.

⑥ K. E. Weick. Sensemaking in organizations, Sage, Thousand Oaks, CA. 1995.

⑦ WHO. World Report on Road Traffic Injury Prevention. World Health Organization, Geneva. 2004.

⑧ World Health Organization. Global Status Report on Road Safety 2013 Supporting a Decade of Action. World Health Organization, Geneva, Switzerland. 2013.

⑨ Wisner, B., P. Blaikie, T. Cannon, and I. Davis. At risk: Natural hazards, people's vulnerability and disasters, 2nd edn. London and New York: Routledge. 2004.

⑩ WHO. Global Status Report on Road Safety: Time for Action. World Health Organization, Geneva. 2009.

编号	第一作者	出版年	出版物（期刊或书籍）	被引频次
252	D. Zohar	1980	*J Appl Psychol*	196
253	D. Zohar	2000	*J Appl Psychol*	119
254	D. Zohar	2002	*J Appl Psychol*	61
255	D. Zohar	2002	*J Organ Behav*	79
256	D. Zohar	2003	*J Safety Res*	53
257	D. Zohar	2005	*J Appl Psychol*	111
258	D. Zohar	2010	*Accident Anal Prev*	88
259	M. Zuckerman	1994	*Behav Expressions Bi*[①]	53

注：该表按照作者姓的字母排序。

附表 2-2　文献共被引网络的文献信息
Appendix Table 2-2　High cited references in international safety research

编号	第一作者	文献名称	聚类
9	H. Akaike	A new look at the statistical model identification	1
12	G. Apostolakis	The concept of probability in safety assessments of technological systems	1
15	P. Artzner	Coherent Measures of Risk	1
22	R. Barlow	Optimum Preventive Maintenance Policies	1
23	R. Barlow	Book / Report-Statistical Theory of Reliability and Life Testing Probability Models	1
24	R. Barlow	Book / Report-Mathematical Theory of Reliability	1
29	A. Bobbio	Improving the analysis of dependable systems by mapping fault trees into Bayesian networks	1
30	E. Borgonovo	Measuring Uncertainty Importance：Investigation and Comparison of Alternative Approaches	1
31	E. Borgonovo	A new uncertainty importance measure	1
36	Ccps	Book / Report-Guidelines for Chemical Process Quantitative Risk Analysis	1
43	D. W. Coit	Reliability optimization of series-parallel systems using a genetic algorithm	1
44	R. M. Cooke	Book / Report-Experts in Uncertainty：Opinion and Subjective Probability in Science	1
47	D. R. Cox	Regression Models and Life-Tables（with Discussion）	1
51	N. Cressie	Book / Report-Statistics for spatial data	1

147

---

① M. Zuckerman. Behavioral expressions and biosocial bases of sensation seeking. Cambridge University Press，Cambridge. 1994.

（续表）

编号	第一作者	文献名称	聚类
55	K. Deb	A fast and elitist multiobjective genetic algorithm: NSGA-II	1
60	A. P. Dempster	Maximum likelihood from incomplete data via EM algorithm	1
63	L. Doyen	Classes of imperfect repair models based on reduction of failure intensity or virtual age	1
64	J. B. Dugan	Dynamic fault-tree models for fault-tolerant computer systems	1
66	R. Eckhoff	Book / Report-Dust Explosions in the Process Industries	1
67	B. Efron	Book / Report-An Introduction to the Bootstrap	1
74	M. Finkelstein	Book / Report-Failure rate modelling for reliability and risk	1
83	N. Z. Gebraeel	Residual-life distributions from component degradation signals: A Bayesian approach	1
90	D. E. Goldberg	Book / Report-Genetic Algorithms in Search Optimization and Machine Learning	1
94	C. N. Haas	Book / Report-Quantitative Microbial Risk Assessment	1
99	J. C. Helton	Latin hypercube sampling and the propagation of uncertainty in analyses of complex systems	1
100	J. C. Helton	Survey of sampling-based methods for uncertainty and sensitivity analysis	1
109	T. Homma	Importance measures in global sensitivity analysis of nonlinear models	1
115	A. K. S. Jardine	A review on machinery diagnostics and prognostics implementing condition-based maintenance	1
116	F. V. Jensen	Book / Report-Bayesian networks and decision graphs	1
124	N. Khakzad	Safety analysis in process facilities: Comparison of fault tree and Bayesian network approaches	1
125	N. Khakzad	Dynamic safety analysis of process systems by mapping bow-tie into Bayesian network	1
127	M. Kijima	Some results for repairable systems with general repair	1
132	W. Kuo	Book / Report-Optimal reliability Modeling: principles and applications	1
134	H. Langseth	Bayesian networks in reliability	1
138	F. P. Lees	Book / Report-Loss Prevention in the Process Industries	1
140	G. Levitin	Book / Report-Universal generating function in reliability analysis and optimization	1

（续表）

编号	第一作者	文献名称	聚类
141	A. Lisnianski	Book / Report-Multi-State System Reliability: Assessment Optimization and Applications	1
146	Lu C. J.	Using Degradation Measures to Estimate a Time-to-Failure Distribution	1
151	H. B. Mann	Nonparametric Tests Against Trend	1
153	P. Mccullagh	Book / Report-Generalized linear models	1
154	M. D. Mckay	A Comparison of Three Methods for Selecting Values of Input Variables in the Analysis of Output from a Computer Code	1
156	A. Mcneil	Book / Report-Quantitative Risk Management	1
158	W. Q. Meeker	Book / Report-Statistical methods for reliability data	1
169	R. B. Nelsen	Book / Report-An Introduction to Copulas	1
170	W. Nelson	Book / Report-Statistical models Test Plans and Data Analyses	1
175	M. E. Patecornell	Uncertainties in risk analysis: Six levels of treatment	1
176	J. Pearl	Book / Report-Probabilistic reasoning in intelligent systems: Networks of plausible inference	1
180	H. Pham	Imperfect maintenance	1
190	M. Rausand	Book / Report-System Reliability Theory	1
199	T. L. Saaty	Book / Report-The Analytic Hierarchy Process	1
200	A. Saltelli	A Quantitative Model-Independent Method for Global Sensitivity Analysis of Model Output	1
201	A. Saltelli	Book / Report-Sensitivity analysis	1
202	A. Saltelli	Book / Report-Sensitivity Analysis in Practice: A Guide to Assessing Scientific Models	1
203	A. Saltelli	Book / Report-Global Sensitivity Analysis: The Primer	1
206	G. Schwarz	Estimating the Dimension of a Model	1
207	G. Shafer	Book / Report-A Mathematical Theory of Evidence	1
211	Si X. S.	Remaining useful life estimation – A review on the statistical data driven approaches	1
214	B. Silverman	Book / Report-Density Estimation for Statistics and Data Analysis	1
222	I. M. Sobol	Knowledge Discovery for Flyback-Booster Aerodynamic Wing Using Data Mining	1
223	I. M. Sobol	Global sensitivity indices for nonlinear mathematical models and their Monte Carlo estimates	1
233	J. M. Van Noortwijk	A survey of the application of gamma processes in maintenance	1

编号	第一作者	文献名称	聚类
236	P. Walley	Book / Report-Statistical reasoning with imprecise probabilities	1
237	H. Z. Wang	A survey of maintenance policies of deteriorating systems	1
249	L. A. Zadeh	Fuzzy sets	1
251	E. Zio	Reliability engineering: Old problems and new challenges	1
13	G. E. Apostolakise	How Useful Is Quantitative Risk Assessment?	2
16	T. Aven	On risk defined as an event where the outcome is uncertain	2
17	T. Aven	On how to define, understand and describe risk	2
18	T. Aven	Some considerations on the treatment of uncertainties in risk assessment for practical decision making	2
19	T. Aven	The risk concept—historical and recent development trends	2
26	Beck Ulrich	Book / Report-Risk society: Towards a new modernity	2
28	T. Bedford	Book / Report-Probabilistic Risk Analysis	2
48	L. A. Cox	What's Wrong with Risk Matrices?	2
61	M. Douglas	Book / Report-Risk and Culture: An Essay on the Selection of Technical and Environmental Dangers	2
62	M. Douglas	Book / Report-Risk and blame: essays in cultural theory	2
68	D. Ellsberg	Risk, Ambiguity, and the Savage Axioms	2
75	M. L. Finucane	Gender, race, and perceived risk: The 'white male' effect	2
76	M. L. Finucane	The affect heuristic in judgments of risks and benefits	2
77	B. Fischhoff	How safe is safe enough? A psychometric study of attitudes towards technological risks and benefits	2
78	B. Fischhoff	Risk Perception and Communication Unplugged: Twenty Years of Process	2
81	J. Flynn	Gender, Race, and Perception of Environmental Health Risks	2
85	A. Giddens	Book / Report-Modernity and self-identity	2
86	A. Giddens	Book / Report-The Consequences of Modernity	2
108	C. A. Holt	Risk Aversion and Incentive Effects	2
118	S. N. Jonkman	An overview of quantitative risk measures for loss of life and economic damage	2
119	D. Kahneman	Prospect Theory: An Analysis of Decision under Risk	2
120	D. Kahneman	Book / Report-Judgment under Uncertainty	2
121	D. Kahneman	Book / Report-Thinking, Fast and Slow	2

编号	第一作者	文献名称	聚类
122	S. Kaplan	On The Quantitative Definition of Risk	2
123	R. E. Kasperson	The Social Amplification of Risk：A Conceptual Framework	2
130	A. Klinke	A New Approach to Risk Evaluation and Management：Risk-Based, Precaution-Based, and Discourse-Based Strategies	2
142	G. F. Loewenstein	Risk as feelings	2
148	D. Lupton	Book / Report-Risk	2
165	M. G. Morgande	Book / Report-Risk Communication. A Mental Models Approach	2
182	N. Pidgeon	Book / Report-The Social Amplification of Risk	2
185	W. Poortinga	Exploring the Dimensionality of Trust in Risk Regulation	2
196	O. Renn	Book / Report-Risk Governance：Coping with Uncertainty in a Complex World	2
198	E. Rosa	Metatheoretical foundations for post-normal risk	2
212	M. Siegrist	The Influence of Trust and Perceptions of Risks and Benefits on the Acceptance of Gene Technology	2
213	M. Siegrist	Perception of Hazards：The Role of Social Trust and Knowledge	2
216	L. Sjoberg	Factors in Risk Perception	2
217	P. Slovic	Perception of risk	2
218	P. Slovic	Perceived Risk, Trust, and Democracy Authors	2
219	P. Slovic	Trust, emotion, sex, politics, and science：surveying the risk-assessment battlefield	2
220	P. Slovic	Risk as Analysis and Risk as Feelings：Some Thoughts about Affect, Reason, Risk, and Rationality	2
221	P. Slovic	Book / Report-The Perception of Risk	2
227	N. N. Taleb	Book / Report-The Black Swan：The Impact of the Highly Improbable	2
229	A. Tversky	Judgment under Uncertainty：Heuristics and Biases	2
230	A. Tversky	Advances in prospect theory：Cumulative representation of uncertainty	2
235	W. K. Viscusi	The Value of a Statistical Life：A Critical Review of Market Estimates Throughout the World	2
250	J. O. Zinn	Heading into the unknown：Everyday strategies for managing risk and uncertainty	2
1	L. Aarts	Driving speed and the risk of road crashes：A review	3

（续表）

编号	第一作者	文献名称	聚类
6	L. S. Aiken	Book / Report-Multiple Regression: Testing and Interpreting Interactions	3
7	I. Ajzen	Book / Report-Understanding Attitudes and Predicting Social Behaviour	3
8	I. Ajzen	The theory of planned behavior	3
11	K. J. Anstey	Cognitive, sensory and physical factors enabling driving safety in older adults	3
14	C. J. Armitage	Efficacy of the Theory of Planned Behaviour: A meta-analytic review	3
25	R. M. Baron	The moderator–mediator variable distinction in social psychological research: Conceptual, strategic, and statistical considerations	3
34	J. P. Byrnes	Gender differences in risk taking: A meta-analysis	3
35	J. K. Caird	A meta-analysis of the effects of cell phones on driver performance	3
42	J. Cohen	Book / Report-Statistical Power Analysis for the Behavioral Sciences	3
54	E. R. Dahlen	Driving anger, sensation seeking, impulsiveness, and boredom proneness in the prediction of unsafe driving	3
57	H. A. Deery	Hazard and Risk Perception among Young Novice Drivers	3
65	A. Eagly	Book / Report-The Psychology of Attitudes	3
70	R. Elvik	Book / Report-The Handbook of Road Safety Measures	3
71	R. Elvik	Book / Report-The Handbook of Road Safety Measures	3
72	M. R. Endsley	Toward a Theory of Situation Awareness in Dynamic Systems	3
73	L. Evans	Book / Report-Traffic Safety	3
79	M. Fishbein	Book / Report-Attitude, Intention and Behavior	3
82	R. Fuller	Towards a general theory of driver behaviour	3
110	T. Horberry	Driver distraction: The effects of concurrent in-vehicle tasks, road environment complexity and age on driving performance	3
111	W. J. Horrey	Examining the Impact of Cell Phone Conversations on Driving Using Meta-Analytic Techniques	3
112	D. W. Hosmer	Book / Report-Applied Logistic Regression	3
113	Hu L. T.	Cutoff criteria for fit indexes in covariance structure analysis: Conventional criteria versus new alternatives	3
117	B. A. Jonah	Sensation seeking and risky driving: a review and synthesis of the literature	3

编号	第一作者	文献名称	聚类
133	T. Lajunen	Can we trust self-reports of driving? Effects of impression management on driver behaviour questionnaire responses	3
135	R. Lawton	The Role of Affect in Predicting Social Behaviors: The Case of Road Traffic Violations	3
152	D. R. Mayhew	Changes in collision rates among novice drivers during the first months of driving	3
155	A. J. Mcknight	Young novice drivers: careless or clueless?	3
172	J. Nunnally	Book / Report-Psychometric Theory	3
174	D. Parker	Driving errors, driving violations and accident involvement	3
177	M. Peden	Book / Report-World report on road traffic injury prevention	3
191	J. Reason	Errors and violations on the roads: a real distinction?	3
195	D. A. Redelmeier	Association between Cellular-Telephone Calls and Motor Vehicle Collisions	3
225	D. L. Strayer	Driven to Distraction: Dual-Task Studies of Simulated Driving and Conversing on a Cellular Telephone	3
226	D. L. Strayer	Cell phone-induced failures of visual attention during simulated driving	3
232	P. Ulleberg	Personality, attitudes and risk perception as predictors of risky driving behaviour among young drivers	3
243	WHO	Book / Report-World Report on Road Traffic Injury Prevention	3
244	WHO	Book / Report-Global Status Report on Road Safety 2013 Supporting a Decade of Action	3
245	A. F. Williams	Teenage drivers: patterns of risk	3
247	WHO	Book / Report-Global Status Report on Road Safety: Time for Action	3
259	M. Zuckerman	Book / Report-Behavioral expressions and biosocial bases of sensation seeking	3
2	Aashto	Book / Report-Highway Safety Manual	4
3	M. Abdel Aty	Analysis of driver injury severity levels at multiple locations using ordered probit models	4
4	M. Abdel Aty	Modeling traffic accident occurrence and involvement	4
5	J. Aguero Valverde	Spatial analysis of fatal and injury crashes in Pennsylvania	4
10	P. C. Anastasopoulos	A note on modeling vehicle accident frequencies with random-parameters count models	4
27	M. Bedard	The independent contribution of driver, crash, and vehicle characteristics to driver fatalities	4

编号	第一作者	文献名称	聚类
37	L. Y. Chang	Analysis of injury severity and vehicle occupancy in truck-and non-truck-involved accidents	4
38	L. Y. Chang	Analysis of traffic injury severity: An application of non-parametric classification tree techniques	4
69	N. Eluru	A mixed generalized ordered response model for examining pedestrian and bicyclist injury severity level in traffic crashes	4
84	A. Gelman	Book / Report-Bayesian data analysis	4
97	E. Hauer	Book / Report-Observational Before–After Studies in Road Safety	4
114	P. L. Jacobsen	Safety in numbers: more walkers and bicyclists, safer walking and bicycling	4
126	A. Khorashadi	Differences in rural and urban driver-injury severities in accidents involving large-trucks: An exploratory analysis	4
128	J. K. Kim	Bicyclist injury severities in bicycle–motor vehicle accidents	4
131	K. M. Kockelman	Driver injury severity: an application of ordered probit models	4
136	C. Lee	Comprehensive analysis of vehicle–pedestrian crashes at intersections in Florida	4
137	J. Lee	Impact of roadside features on the frequency and severity of run-off-roadway accidents: an empirical analysis	4
143	D. Lord	Poisson, Poisson-gamma and zero-inflated regression models of motor vehicle crashes: balancing statistical fit and theory	4
144	D. Lord	Modeling motor vehicle crashes using Poisson-gamma models: Examining the effects of low sample mean values and small sample size on the estimation of the fixed dispersion parameter	4
145	D. Lord	The statistical analysis of crash-frequency data: A review and assessment of methodological alternatives	4
147	D. J. Lunn	WinBUGS-A Bayesian modelling framework: Concepts, structure, and extensibility	4
149	J. M. Ma	A multivariate Poisson-lognormal regression model for prediction of crash counts by severity, using Bayesian methods	4
150	M. J. Maher	A comprehensive methodology for the fitting of predictive accident models	4
159	S. P. Miaou	The relationship between truck accidents and geometric design of road sections: Poisson versus negative binomial regressions	4

编号	第一作者	文献名称	聚类
161	J. Milton	The relationship among highway geometrics, traffic-related elements and motor-vehicle accident frequencies	4
162	J. C. Miltonc	Highway accident severities and the mixed logit model: An exploratory empirical analysis	4
163	S. Mitra	On the nature of over-dispersion in motor vehicle crash prediction models	4
173	C. J. Odonnell	Predicting the severity of motor vehicle accident injuries using models of ordered multiple choice	4
183	M. Poch	Negative Binomial Analysis of Intersection-Accident Frequencies	4
186	M. A. Quddus	An analysis of motorcycle injury and vehicle damage severity using ordered probit models	4
187	M. A. Quddus	Modelling area-wide count outcomes with spatial correlation and heterogeneity: An analysis of London crash data	4
204	P. Savolainen	Probabilistic models of motorcyclists' injury severities in single-and multi-vehicle crashes	4
205	P. Savolainen	The statistical analysis of highway crash-injury severities: A review and assessment of methodological alternatives	4
208	V. Shankar	Effect of roadway geometrics and environmental factors on rural freeway accident frequencies	4
209	V. Shankar	An exploratory multinomial logit analysis of single-vehicle motorcycle accident severity	4
210	V. Shankar	Modeling accident frequencies as zero-altered probability processes: An empirical inquiry	4
224	D. J. Spiegelhalter	Bayesian measures of model complexity and fit	4
231	G. F. Ulfarsson	Differences in male and female injury severities in sport-utility vehicle, minivan, pickup and passenger car accidents	4
238	S. Washington	Book / Report-Statistical and Econometric Methods for Transportation Data Analysis	4
239	S. Washington	Book / Report-Statistical and econometric methods for transportation data analysis	4
21	J. Barling	Development and test of a model linking safety-specific transformational leadership and occupational safety	5
39	R. A. Choudhry	The nature of safety culture: A survey of the state-of-the-art	5
40	M. S. Christian	Workplace safety: A meta-analysis of the roles of person and situation factors	5

155

（续表）

编号	第一作者	文献名称	聚类
41	S. Clarke	The relationship between safety climate and safety performance: A meta-analytic review	5
45	M. D. Cooper	Towards a model of safety culture	5
46	M. D. Cooper	Exploratory analysis of the safety climate and safety behavior relationship	5
49	S. Cox	Safety culture: Philosopher's stone or man of straw?	5
50	S. Cox	Assessing safety culture in offshore environments	5
56	N. Dedobbeleer	A safety climate measure for construction sites	5
58	D. M. Dejoy	Creating safer workplaces: assessing the determinants and role of safety climate	5
80	R. Flin	Measuring safety climate: identifying the common features	5
88	A. I. Glendon	Perspectives on safety culture	5
89	A. I. Glendon	Safety climate factors, group differences and safety behaviour in road construction	5
91	M. A. Griffin	Perceptions of safety at work: A framework for linking safety climate to safety performance, knowledge, and motivation	5
92	F. W. Guldenmund	The nature of safety culture: a review of theory and research	5
93	F. W. Guldenmund	The use of questionnaires in safety culture research – an evaluation	5
95	J. Hair	Book / Report-Multivariate Data Analysis	5
96	R. A. Haslam	Contributing factors in construction accidents	5
101	D. A. Hofmann	A Cross-Level Investigation of Factors Influencing Unsafe Behaviors and Accidents	5
102	D. A. Hofmann	Safety-related behavior as a social exchange: The role of perceived organizational support and leader–member exchange	5
103	D. A. Hofmann	Climate as a moderator of the relationship between leader-member exchange and content specific citizenship: Safety climate as an exemplar	5
157	K. Mearns	Safety climate, safety management practice and safety performance in offshore environments	5
164	S. Mohamed	Safety Climate in Construction Site Environments	5
166	J. D. Nahrgang	Safety at work: A meta-analytic investigation of the link between job demands, job resources, burnout, engagement, and safety outcomes	5

编号	第一作者	文献名称	聚类
167	A. Neal	The impact of organizational climate on safety climate and individual behavior	5
168	A. Neal	A study of the lagged relationships among safety climate, safety motivation, safety behavior, and accidents at the individual and group levels	5
184	P. M. Podsakoff	Common method biases in behavioral research: a critical review of the literature and recommended remedies	5
197	L. S. Robson	The effectiveness of occupational health and safety management system interventions: A systematic review	5
215	O. L. Siu	Safety climate and safety performance among construction workers in Hong Kong: The role of psychological strains as mediators	5
248	A. Zacharatos	High-Performance Work Systems and Occupational Safety	5
252	D. Zohar	Safety climate in industrial organizations: Theoretical and applied implications	5
253	D. Zohar	A group-level model of safety climate: Testing the effect of group climate on microaccidents in manufacturing jobs	5
254	D. Zohar	Modifying supervisory practices to improve subunit safety: A leadership-based intervention model	5
255	D. Zohar	The effects of leadership dimensions, safety climate, and assigned priorities on minor injuries in work groups	5
256	D. Zohar	The use of supervisory practices as leverage to improve safety behavior: A cross-level intervention model	5
257	D. Zohar	A Multilevel Model of Safety Climate: Cross-Level Relationships Between Organization and Group-Level Climates	5
258	D. Zohar	Thirty years of safety climate research: Reflections and future directions	5
20	J. Baker	Book / Report-Refineries Independent Safety Review Panel	6
32	V. Braun	Using thematic analysis in psychology	6
33	M. Bruneau	A Framework to Quantitatively Assess and Enhance the Seismic Resilience of Communities	6
52	S. L. Cutter	Social Vulnerability to Environmental Hazards	6
53	S. L. Cutter	A place-based model for understanding community resilience to natural disasters	6
59	S. Dekker	Book / Report-Drift into failure: from hunting broken components to understanding complex systems	6
87	B. G. Glaser	Book / Report-The Discovery of Grounded Theory: Strategies for Qualitative Research	6

（续表）

编号	第一作者	文献名称	聚类
98	H. W. Heinrich	Book / Report-Industrial accident prevention	6
104	E. Holinagel	Book / Report-Cognitive reliability and error analysis method	6
105	C. S. Holling	Resilience and Stability of Ecological Systems	6
106	E. Hollnagel	Book / Report-Barriers and accident prevention	6
107	E. Hollnagel	Book / Report-Resilience Engineering：Concepts and Precepts	6
129	U. Kjellen	Book / Report-Prevention of accidents through experience feedback	6
139	N. Leveson	A new accident model for engineering safer systems	6
160	M. B. Miles	Book / Report-Qualitative Data Analysis：An Expanded Sourcebook	6
171	F. H. Norris	Community Resilience as a Metaphor, Theory, Set of Capacities, and Strategy for Disaster Readiness	6
178	C. Perrow	Book / Report-Normal accidents, living with high risk technologies	6
179	C. Perrow	Book / Report-Normal accidents, living with high risk technologies	6
181	N. Pidgeon	Man-made disasters：why technology and organizations（sometimes）fail	6
188	J. Rasmussen	Risk management in a dynamic society：a modelling problem	6
189	J. Rasmussen	Book / Report	6
192	J. Reason	Human error：models and management	6
193	J. Reason	Book / Report-Human Error	6
194	J. Reason	Book / Report-Managing the Risks of Organizational Accidents	6
228	B. A. Turner	Book / Report-Man-Made Disasters	6
234	D. Vaughan	Book / Report-The challenger launch decision. Technology, culture and deviance at NASA	6
240	K. Weick	Book / Report-Managing the unexpected. Assuring high performance in an age of complexity	6
241	K. Weick	Book / Report-Sensemaking in organizations	6
242	K. Weick	Organization for high reliability：process of collective mindfullness	6
246	B. Wisner	Book / Report-At risk：Natural hazards, people's vulnerability and disasters	6

注：表中的编号与附表 2-1 中的编写相对应，该表按照作者所属的聚类排列。

附录 3　国际安全科学高被引施引文献

聚类	第一作者	文献名称	期刊	引证次数
1	Sudret（2008）	Global sensitivity analysis using polynomial chaos expansions	*RESS*	427
1	Zio（2009）	Reliability engineering: old problems and new challenges	*RESS*	265
1	Crestaux（2009）	Polynomial chaos expansion for sensitivity analysis	*RESS*	189
1	Cox（2008b）	What's wrong with risk matrices?	*RA*	176
1	Wang（2009a）	Cascade-based attack vulnerability on the us power grid	*SS*	174
1	Aven（2009a）	On risk defined as an event where the outcome is uncertain	*JRR*	165
1	Hallegatte（2008）	An adaptive regional input-output model and its application to the assessment of the economic cost of katrina	*RA*	153
1	Khakzad（2011）	Safety analysis in process facilities: comparison of fault tree and bayesian network approaches	*RESS*	138
1	Storlie（2009）	Implementation and evaluation of nonparametric regression procedures for sensitivity analysis of computationally demanding models	*RESS*	136
1	Ouyang（2014）	Review on modeling and simulation of interdependent critical infrastructure systems	*RESS*	131
2	Caird（2008）	A meta-analysis of the effects of cell phones on driver performance	*AAP*	228
2	Williamson（2011）	The link between fatigue and safety	*AAP*	170
2	Coronado（2012）	Trends in traumatic brain injury in the us and the public health response: 1995-2009	*JSR*	139
2	Lin（2009）	A review of risk factors and patterns of motorcycle injuries	*AAP*	118
2	Machin（2008）	Relationships between young drivers' personality characteristics, risk perceptions, and driving behaviour	*AAP*	117
2	Nasar（2008）	Mobile telephones, distracted. Attention, and pedestrian safety	*AAP*	114
2	De Winter（2010）	The driver behaviour questionnaire as a predictor of accidents: a meta-analysis	*JSR*	109

（续表）

聚类	第一作者	文献名称	期刊	引证次数
2	Bella（2008）	Driving simulator for speed research on two-lane rural roads	*AAP*	106
2	Regan（2011）	Driver distraction and driver inattention: definition, relationship and taxonomy	*AAP*	94
2	Borowsky（2010）	Age, skill, and hazard perception in driving	*AAP*	94
3	Milton（2008）	Highway accident severities and the mixed logit model: an exploratory empirical analysis	*AAP*	258
3	Anastasopoulos（2009）	A note on modeling vehicle accident frequencies with random-parameters count models	*AAP*	223
3	Savolainen（2011）	The statistical analysis of highway crash-injury severities: a review and assessment of methodological alternatives	*AAP*	218
3	Eluru（2008）	A mixed generalized ordered response model for examining pedestrian and bicyclist injury severity level in traffic crashes	*AAP*	172
3	Ma（2008）	A multivariate poisson-lognormal regression model for prediction of crash counts by severity, using bayesian methods	*AAP*	141
3	Elvik（2009）	The non-linearity of risk and the promotion of environmentally sustainable transport	*AAP*	139
3	Quddus（2008b）	Modelling area-wide count outcomes with spatial correlation and heterogeneity: an analysis of london crash data	*AAP*	114
3	Anderson（2009）	Kernel density estimation and k-means clustering to profile road accident hotspots	*AAP*	113
3	Wier（2009）	An area-level model of vehicle-pedestrian injury collisions with implications for land use and transportation planning	*AAP*	100
3	Anastasopoulos（2011）	An empirical assessment of fixed and random parameter logit models using crash-and non-crash-specific injury data	*AAP*	96
4	Zohar（2010）	Thirty years of safety climate research: reflections and future directions	*AAP*	251
4	Choudhry（2008）	Why operatives engage in unsafe work behavior: investigating factors on construction sites	*SS*	150

聚类	第一作者	文献名称	期刊	引证次数
4	Aksorn（2008）	Critical success factors influencing safety program performance in thai construction projects	*SS*	109
4	Lundberg（2009）	What-you-look-for-is-what-you-find-the consequences of underlying accident models in eight accident investigation manuals	*SS*	107
4	Leveson（2011）	Applying systems thinking to analyze and learn from events	*SS*	102
4	Pousette（2008）	Safety climate cross-validation, strength and prediction of safety behaviour	*SS*	87
4	Kines（2010）	Improving construction site safety through leader-based verbal safety communication	*JSR*	83
4	Zheng（2012）	Application of a trapezoidal fuzzy ahp method for work safety evaluation and early warning rating of hot and humid environments	*SS*	83
4	Fernandez Muniz（2009）	Relation between occupational safety management and firm performance	*SS*	82
4	Mohaghegh（2009）	Incorporating organizational factors into probabilistic risk assessment（pra）of complex socio-technical systems: a hybrid technique formalization	*RESS*	81
5	Van Noortwijk（2009）	A survey of the application of gamma processes in maintenance	*RESS*	357
5	Muller（2008b）	On the concept of e-maintenance: review and current research	*RESS*	158
5	Si（2012）	Remaining useful life estimation based on a nonlinear diffusion degradation process	*ITR*	146
5	Peng（2009）	Mis-specification analysis of linear degradation models	*ITR*	129
5	Zio（2011b）	Particle filtering prognostic estimation of the remaining useful life of nonlinear components	*RESS*	116
5	Zio（2010）	A data-driven fuzzy approach for predicting the remaining useful life in dynamic failure scenarios of a nuclear system	*RESS*	101
5	Nakagawa（2009）	A summary of maintenance policies for a finite interval	*RESS*	101

（续表）

聚类	第一作者	文献名称	期刊	引证次数
5	Gebraeel（2008）	Prognostic degradation models for computing and updating residual life distributions in a time-varying environment	*ITR*	94
5	Tseng（2009）	Optimal step-stress accelerated degradation test plan for gamma degradation processes	*ITR*	91
5	Liu（2010b）	Optimal selective maintenance strategy for multi-state systems under imperfect maintenance	*ITR*	90
6	Kahan（2011）	Cultural cognition of scientific consensus	*JRR*	333
6	Kellstedt（2008）	Personal efficacy, the information environment, and attitudes toward global warming and climate change in the united states	*RA*	231
6	Whitmarsh（2008）	Are flood victims more concerned about climate change than other people? The role of direct experience in risk perception and behavioural response	*JRR*	190
6	Vrugt（2009）	Equifinality of formal（dream）and informal（glue）bayesian approaches in hydrologic modeling?	*SERRA*	183
6	Lindell（2012）	The protective action decision model: theoretical modifications and additional evidence	*RA*	177
6	Wachinger（2013）	Risk perception paradox-implications for governance and communication of natural hazards	*RA*	163
6	Spence（2012）	The psychological distance of climate change	*RA*	159
6	Malka（2009）	The association of knowledge with concern about global warming: trusted information sources shape public thinking	*RA*	157
6	Lindell（2008）	Households' perceived personal risk and responses in a multihazard environment	*RA*	153
6	Bubeck（2012）	A review of risk perceptions and other factors that influence flood mitigation behavior	*RA*	142

参 考 文 献

［1］Elsevier. A global outlook on disaster science 2017［R］. https：//www. elsevier. com/research-intelligence/resource-library/a-global-outlook-on-disaster-science.

［2］Li J, Guo X, Shen S, et al. Bibliometric Mapping of "International Symposium on Safety Science and Technology（1998—2012）"［J］. Procedia Engineering, 2014, 84（4）：70-79.

［3］Li J, Hale A. Identification of, and knowledge communication among core safety science journals［J］. Safety Science, 2015, 74（04）：70-78.

［4］Li J, Hale A. Output distributions and topic maps of safety related journals［J］. Safety Science, 2016, 82（02）：236-244.

［5］Li J, Reniers G, Cozzani V, Khan F. A bibliometric analysis of peer-reviewed publications on domino effects in the process industry［J］. Journal of Loss Prevention in the Process Industries. 2017, 49（09）：103-10.

［6］Rodrigues S P, Eck N J V, Waltman L, et al. Mapping patient safety：a large-scale literature review using bibliometric visualisation techniques［J］. BMJ Open, 2014, 4（3）：e004468.

［7］Stephen Carley, Alan L. Porter, Ismael Rafols, et al. Visualization of Disciplinary Profiles：Enhanced Science Overlay Maps［J］. Journal of Data and Information Science, 2017, 2（3）：68-111.

［8］Van Eck, N. J., L. Waltman, How to Normalize Cooccurrence Data? An Analysis of Some Well-Known Similarity Measures［J］. Journal of the American Society for Information Science and Technology, 2009. 60（8）：1635-1651.

［9］Van Eck, N. J., L. Waltman, Software survey：VOSviewer, a computer program for bibliometric mapping［J］. Scientometrics, 2010. 84（2）：523-538.

［10］Waaijer, C. J. F., C. A. Van Bochove, and N. J. van Eck, On the map：Nature and Science editorials［J］. Scientometrics, 2011. 86（1）：99-112.

［11］Waltman, L., N. J. van Eck, A smart local moving algorithm for large-scale modularity-based community detection［J］. European Physical Journal B, 2013. 86（11）：14.

［12］Waltman, L., N. J. Van Eck, and E. Noyons, A unified approach to mapping and clustering of bibliometric networks［J］. Journal of Informetrics, 2010. 4（4）：629-635.

［13］陈伟炯, 李杰. 国内外首家"安全科技趋势研究中心"在上海海事大学成立——发挥安全智库作用, 促进安全科技发展［J］. 安全, 2017, 38（02）：75.

［14］陈伟炯, 等. 中国物流科技发展报告（2016—2017）［M］. 上海浦江教育出版社. 2017.

［15］冯长根, 景国勋, 田水承.《中国安全科学学报》发表论文的统计与分析［J］. 中国安全科学学报, 2000（05）：31-36.

［16］冯长根. 当前安全科学技术研究的若干趋势［A］. 中国化学会. 中国化学会第29届学术年会摘要集——第29分会：公共安全化学［C］. 中国化学会, 2014：1.

［17］冯长根, 等. 2009—2013年安全科学与技术研究通报——团队协作与影响力（三）［J］. 安全与环境学报, 2015, 15（03）：1-4.

［18］冯长根，等．2009—2013 年安全科学与技术研究通报——团队协作与影响力（二）［J］.安全与环境学报，2015，15（02）：1-6.

［19］冯长根，等．2009—2013 年安全科学与技术研究通报——团队协作与影响力（一）［J］.安全与环境学报，2015，15（01）：1-6.

［20］冯长根，等．2010—2014 年安全科学与技术研究通报——团队协作与影响力（二）［J］.安全与环境学报，2016，16（02）：1-6.

［21］冯长根，等．2010—2014 年安全科学与技术研究通报——团队协作与影响力（三）［J］.安全与环境学报，2016，16（03）：1-6.

［22］冯长根，等．2010—2014 年安全科学与技术研究通报——团队协作与影响力（一）［J］.安全与环境学报，2016，16（01）：1-6.

［23］冯长根，等．2011—2015 年安全科学与技术研究通报——团队协作与影响力（二）［J］.安全与环境学报，2017，17（02）：397-402.

［24］冯长根，等．2011—2015 年安全科学与技术研究通报——团队协作与影响力（三）［J］.安全与环境学报，2017，17（03）：809-812.

［25］冯长根，等．2011-2015 年安全科学与技术研究通报——团队协作与影响力（一）［J］.安全与环境学报，2017，17（01）：1-6.

［26］李杰，陈超美．CiteSpace 科技文本挖掘及可视化（第 2 版）［M］.北京：首都经济贸易大学出版社，2017.

［27］李杰，陈伟炯．海因里希安全理论的学术影响分析［J］.中国安全科学学报，2017，27（09）：1-7.

［28］李杰，郭晓宏，姜亢．《中国安全科学学报》的文献计量学分析［J］.中国安全科学学报，2013，23（03）：161-166.

［29］李杰，郭晓宏，姜亢．世界声学科学文献的产出和分布［J］.应用声学，2014，33（03）：274-282.

［30］李杰，郭晓宏，姜亢，等．安全科学知识图谱的初步研究［J］.中国安全科学学报，2013，23（04）：152-158.

［31］李杰，李平，付姗姗．国际安全科学期刊的识别及分布研究［J］.安全，2018，39（02）：13-16.

［32］李杰，李平，谢启苗，等．安全疏散研究的科学知识图谱［J］.中国安全科学学报，2018（01）：1-7.

［33］李杰，杨冕，吴超．安全科学研究主题结构及前沿分析［J］.中国安全科学学报，2017，27（05）：7-12.

［34］李杰．安全科学结构及主题演进特征研究［D］.首都经济贸易大学，2016.

［35］李杰．科学计量与知识网络分析：方法与实践（第 2 版）［M］.北京：首都经济贸易大学出版社，2018.

［36］李杰，等．安全科学技术信息检索基础［M］.北京：首都经济贸易大学出版社．2014.

［37］李杰．安全科学知识图谱导论［M］.北京：化学工业出版社，2015.

［38］李杰．科学知识图谱原理及应用［M］.北京：高等教育出版社，2018.

［39］李傑，郭曉宏，李開偉．中英韓安全科学期刊的统计比較［J］.工业安全衛生，2015（311）：40-51.

［40］李傑，李本先．Safety 與 Security 的信息分佈之比較．工业安全衛生．2017（337）：41-51.

图书在版编目（CIP）数据

安全科学学术地图. 综合卷 / 李杰, 陈伟炯, 冯长根著. —— 上海：
上海教育出版社, 2018.7

ISBN 978-7-5444-8654-5

Ⅰ. ①安… Ⅱ. ①李… ②陈… ③冯… Ⅲ. ①安全科学—研究 Ⅳ.
①X9

中国版本图书馆CIP数据核字(2018)第172309号

责任编辑　李京哲　　王爱军
封面设计　林炜杰

安全科学学术地图　　综合卷
李　杰　陈伟炯　冯长根　著

出版发行　上海教育出版社有限公司
官　　网　www.seph.com.cn
地　　址　上海市永福路123号
邮　　编　200031
印　　刷　上海昌鑫龙印务有限公司
开　　本　700×1000　1/16　印张 11
字　　数　215 千字
版　　次　2018年7月第1版
印　　次　2018年7月第1次印刷
书　　号　ISBN 978-7-5444-8654-5/G·7164
定　　价　108.00 元